W0406475

öbv

Rechenrabe Trax 1/2

Geometriekurs

www.oebv.at

Auf dem Kirtag – Links – rechts

1

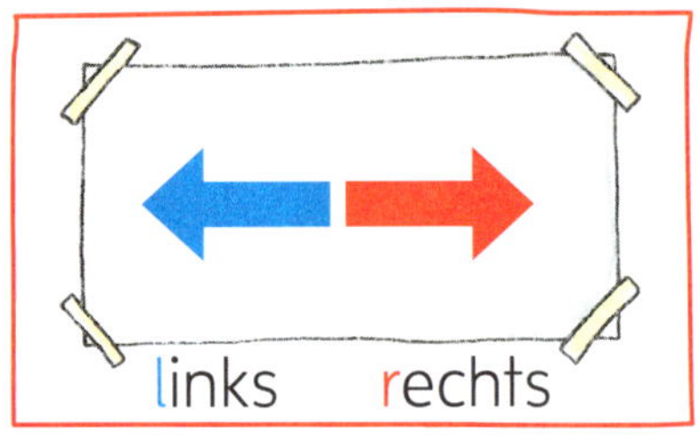

2

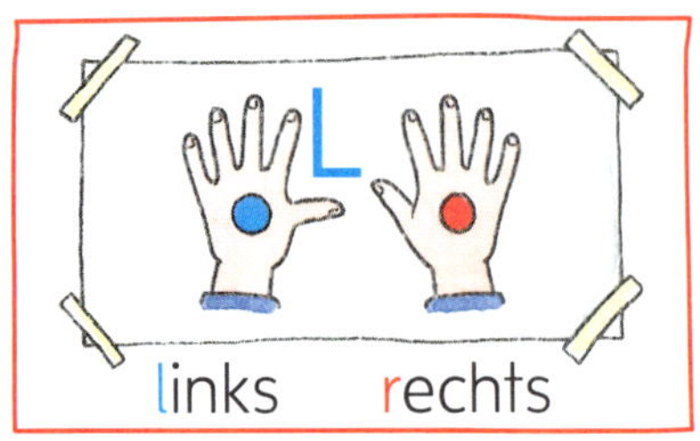

1 Farblich die Richtungen kennzeichnen: blau nach links und rot nach rechts. **2** Passenden Farbpunkt setzen: blau für links und rot für rechts. Perspektivwechsel beachten.

3

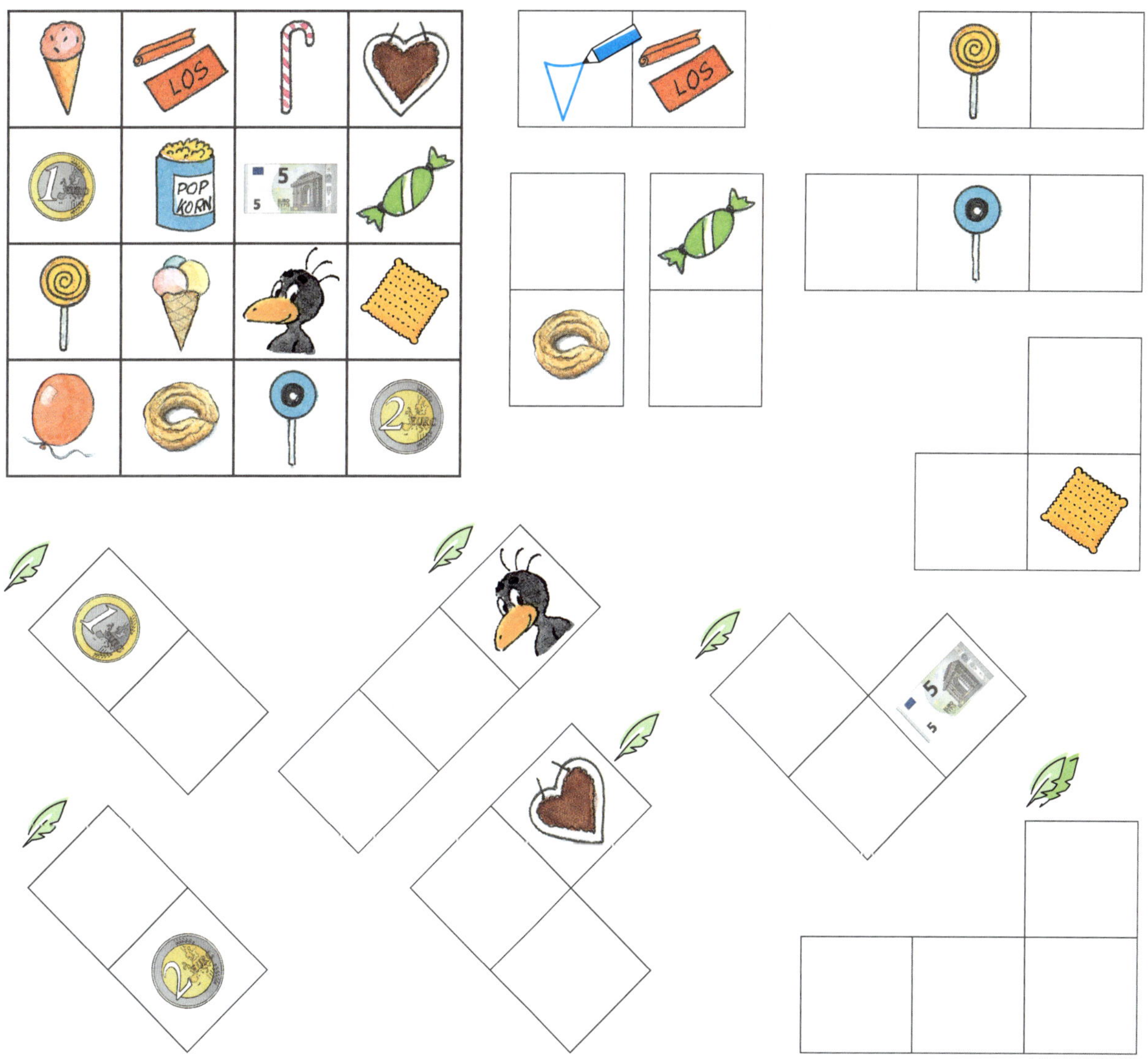

3 Fehlende Bilder zeichnen.

Kleine Zeichenschule – Kreise, Dreiecke und Vierecke zeichnen

1

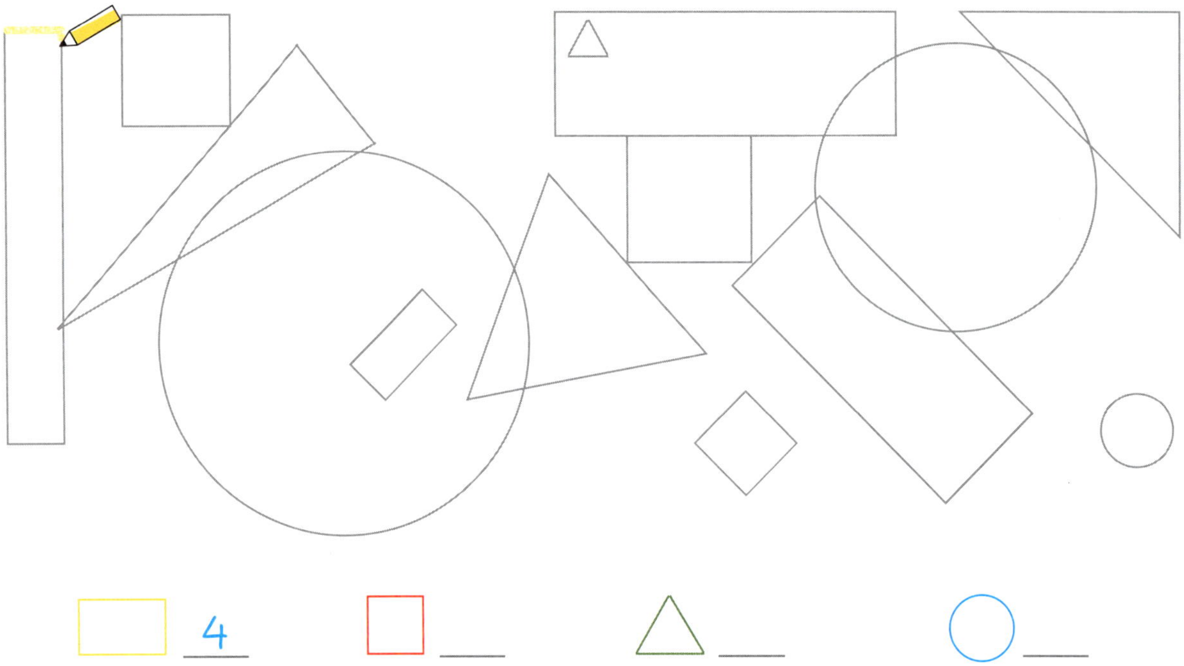

2

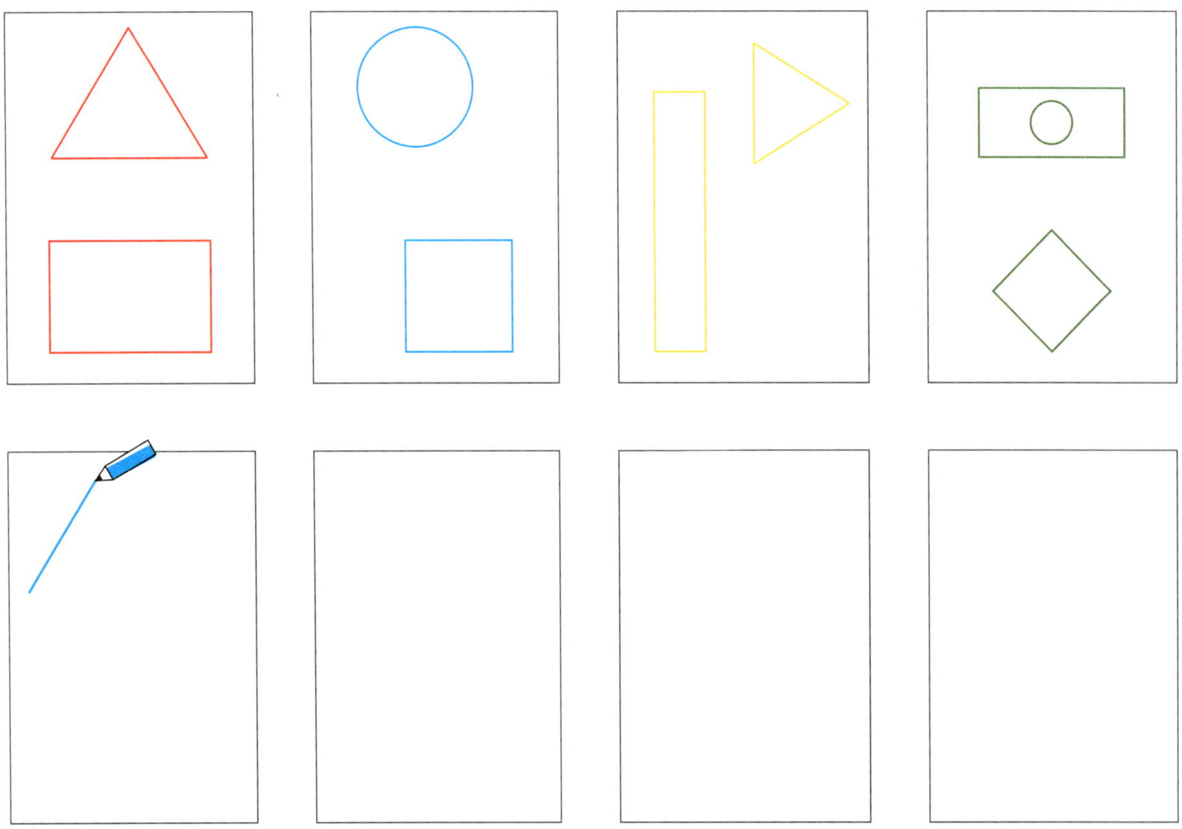

1 Geometrische Formen in vorgegebener Farbe nachspuren und Anzahl bestimmen. **2** Freihand geometrische Formen abzeichnen.

3

4

3 Formen in entsprechender Farbe nachspuren und fortsetzen. **4** Muster passend färben.

1

2

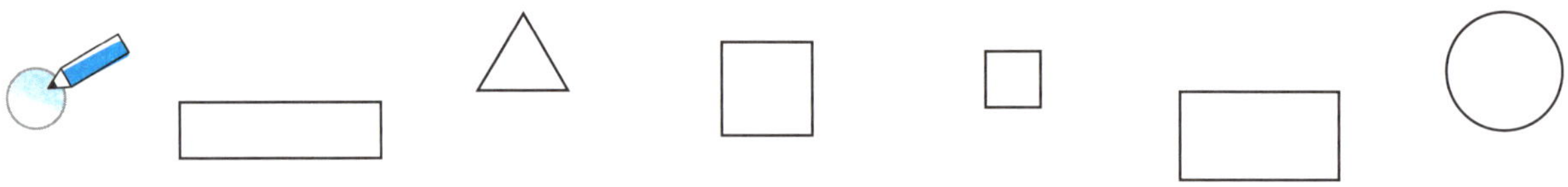

3 Welche Flächen passen zu den Körpern? Verbinde.

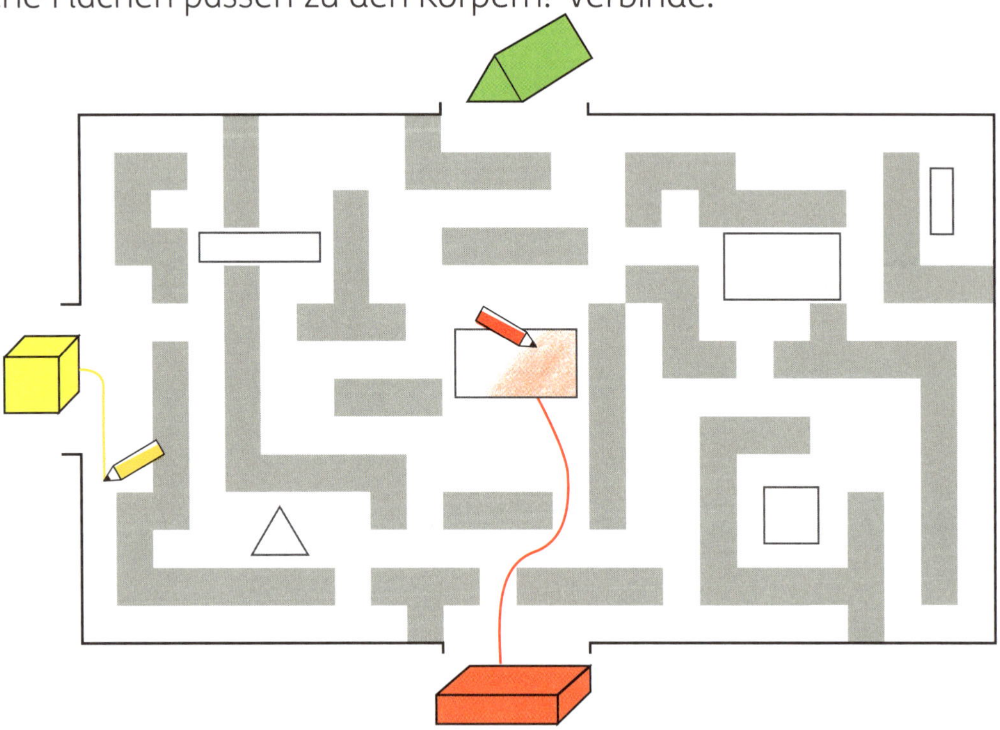

1 Seitenflächen von Körpern umfahren. **2** Seitenflächen der Körper in derselben Farbe wie die Körper färben. **3** Den Weg von den Körpern zu ihren Seitenflächen einzeichnen und Flächen entsprechend färben.

4

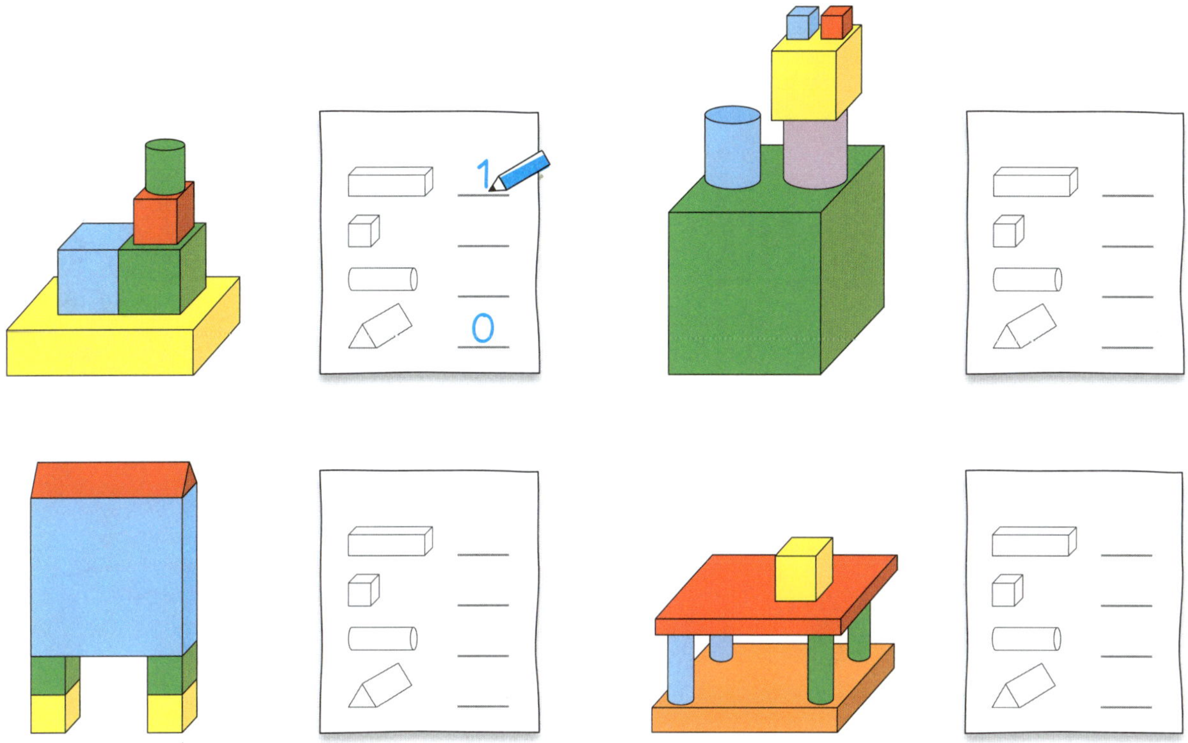

5

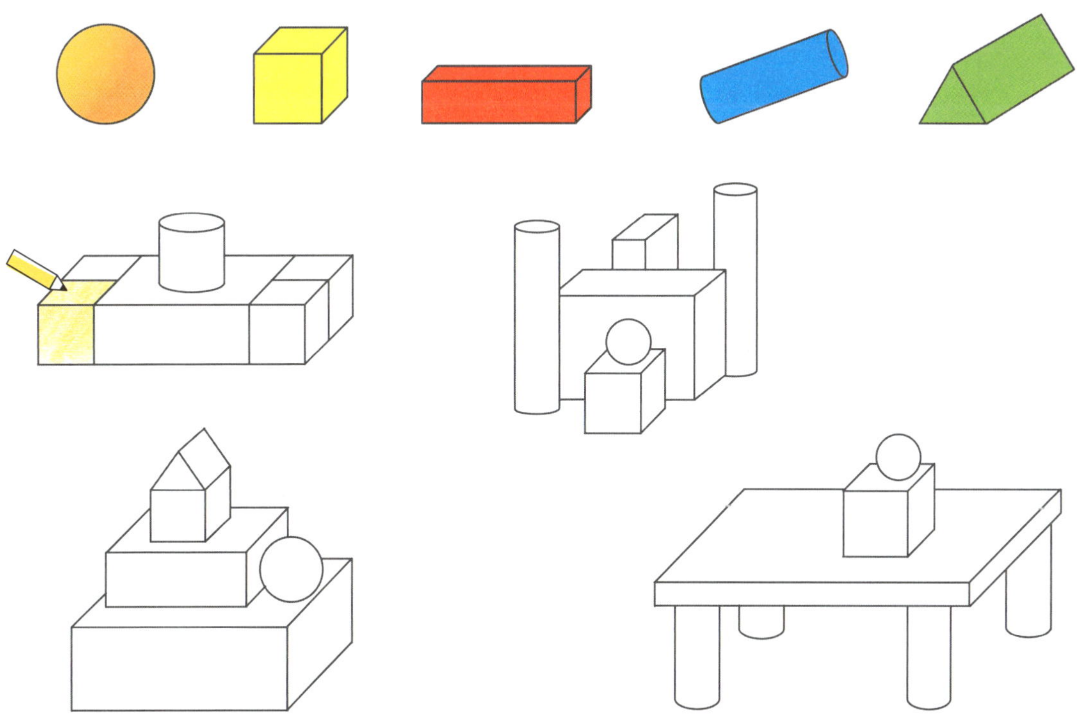

4 Anzahl der verschiedenen Körper im Gebäude bestimmen. **5** Würfelgebäude nach Vorgabe färben.

□	___
△	___
△ (klein)	___
gesamt	___

□	___
△	___
△ (klein)	___
gesamt	___

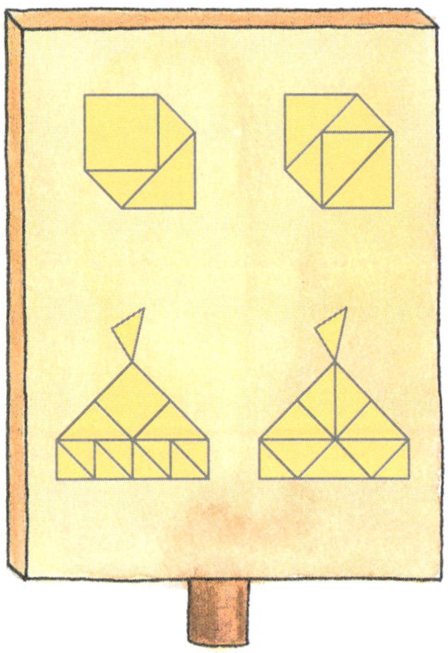

□	___
△	___
△ (klein)	___
gesamt	___

□	___
△	___
△ (klein)	___
gesamt	___

Figuren mit Geoplättchen unterschiedlich auslegen. Jeweilige Anzahl der verwendeten Flächen bestimmen und in der Tabelle notieren.

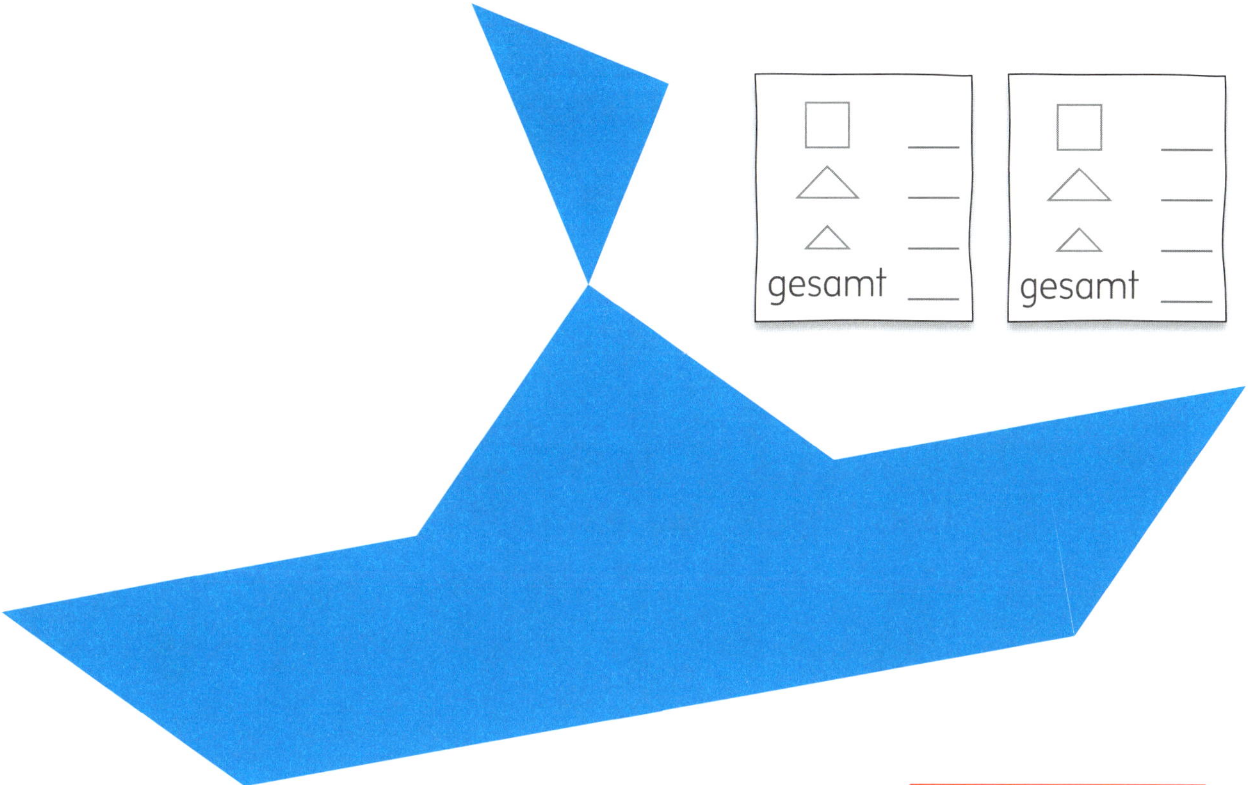
gesamt
gesamt

gesamt
gesamt

Tresor knacken

1

2

1 Muster in den Zeilen und Spalten mit den passenden Formen und Farben ergänzen. **2** Muster in den Zeilen und Spalten so ergänzen, dass keine Formen und Farben doppelt vorkommen.

1

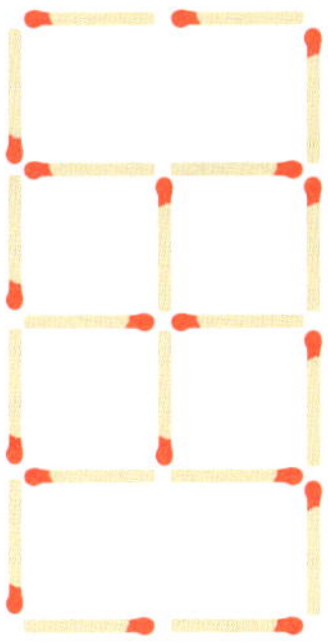

___ □

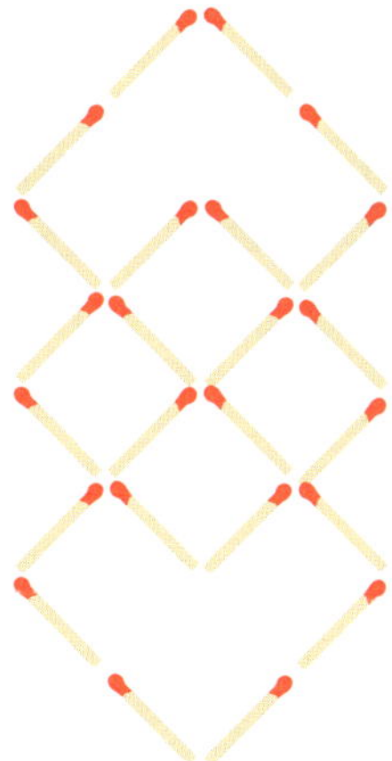

___ □

___ □

2

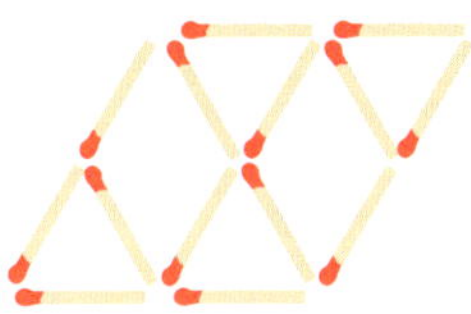

___ △

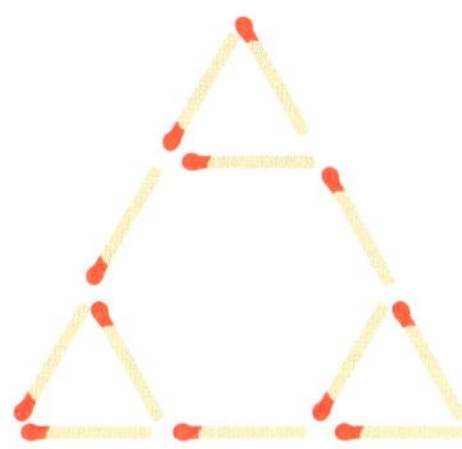

___ △

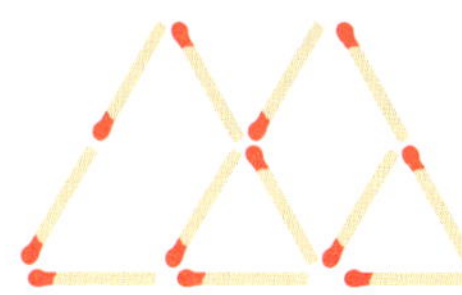

___ △

3 Lege 3 – dazu.

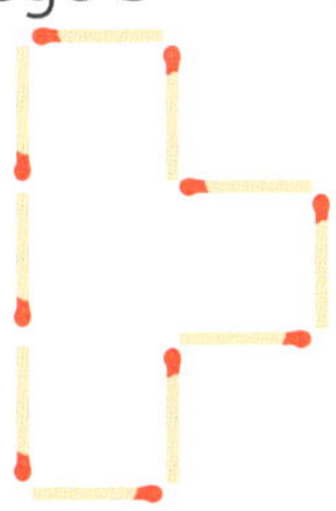

□ 4

Lege 4 – dazu.

□ 5

Lege 5 – dazu.

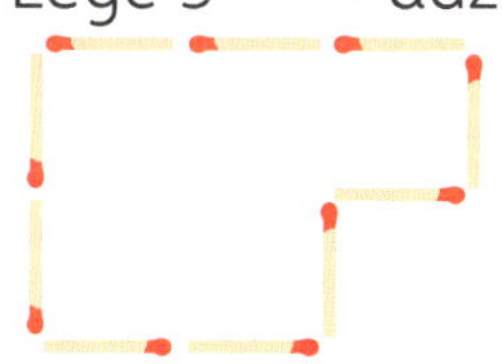

□ 4

4 Lege 6 – dazu.

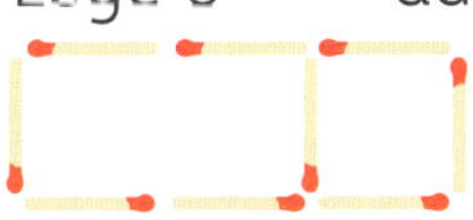

□ 6

Lege 4 – dazu.

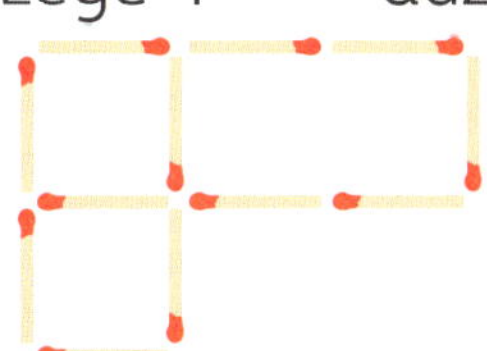

□ 5

Lege 8 – dazu.

□ 3

1–2 Die Anzahl der Quadrate/Dreiecke in den Streichholzfiguren bestimmen, dabei alle Quadrate/Dreiecke unterschiedlicher Größe berücksichtigen. **3–4** Streichhölzer nach Vorgabe dazulegen, um die angegebenen Zielfiguren zu erreichen.

1

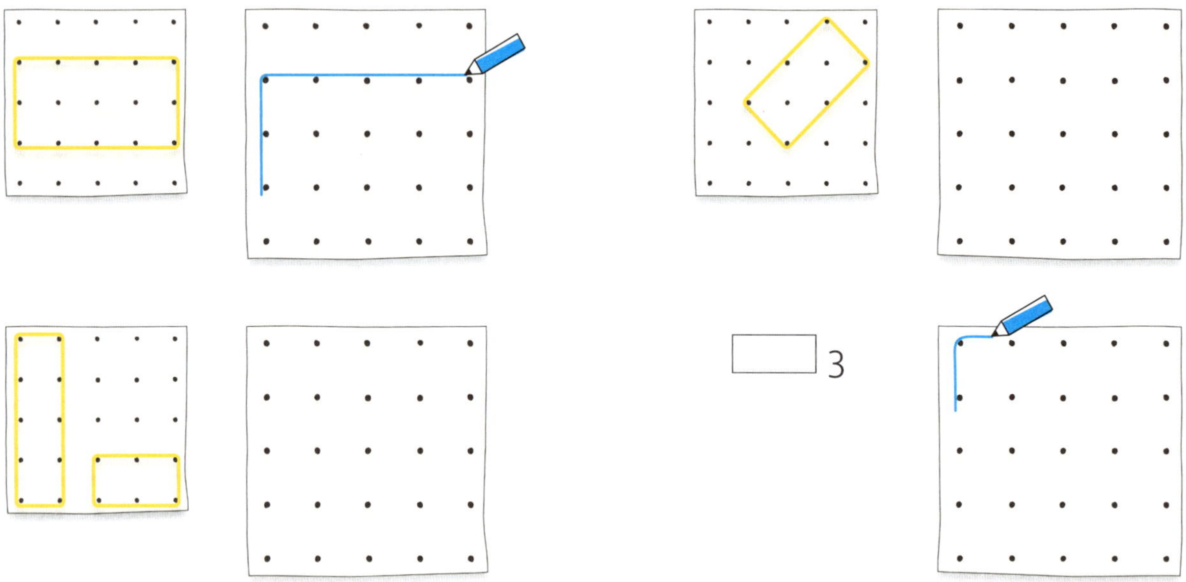

2

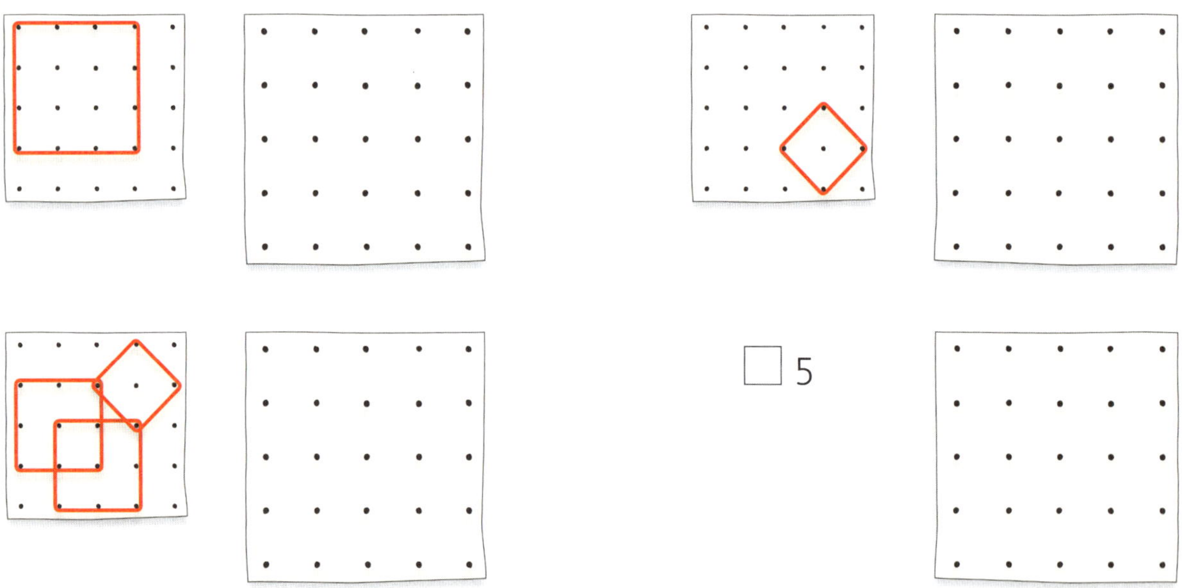

1 – 2 Vorgegebene Rechtecke und Quadrate auf dem Geobrett spannen und anschließend zeichnen.

3

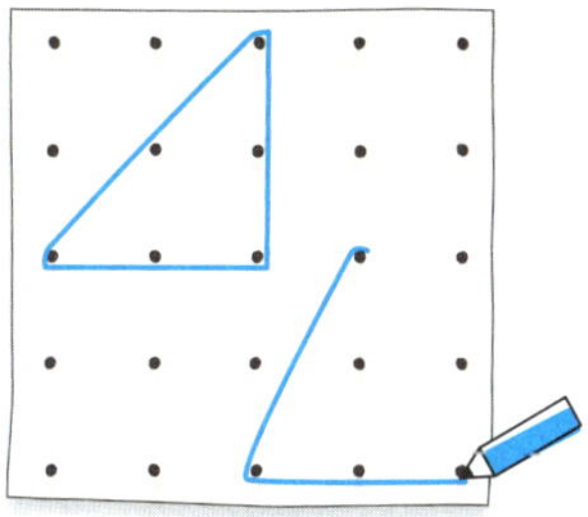
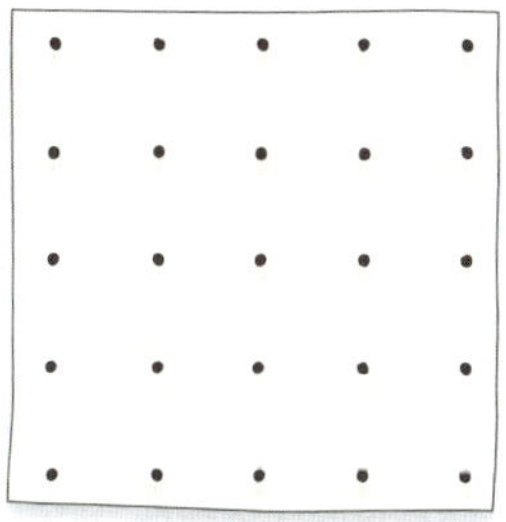
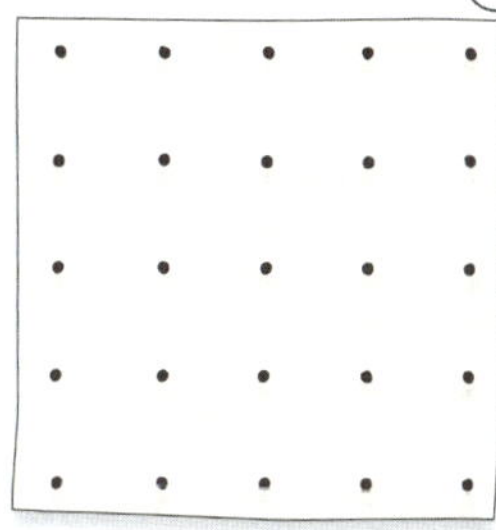

4

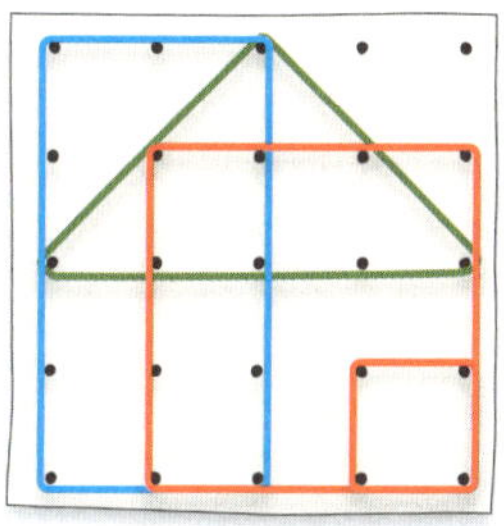

▭	1
□	
△	

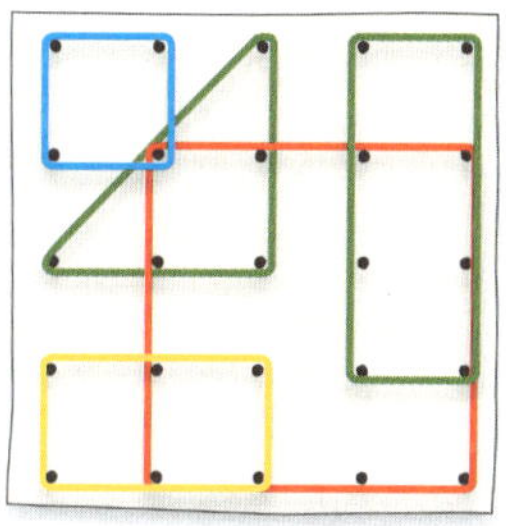

▭	
□	
△	

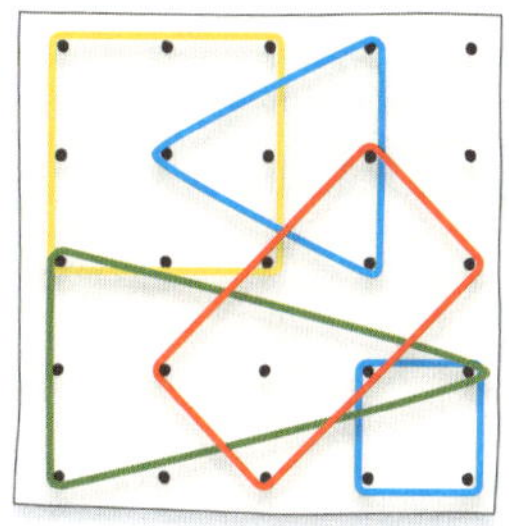

▭	
□	
△	

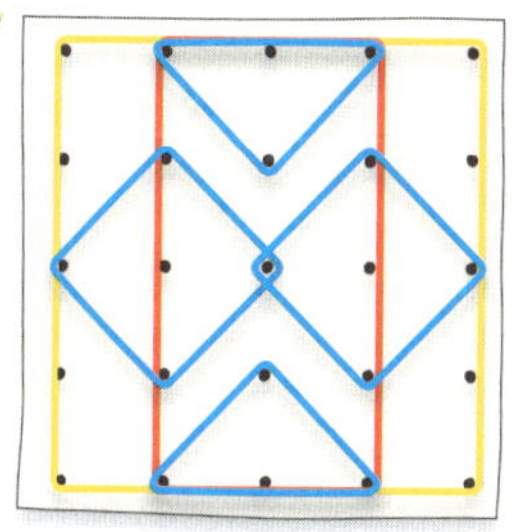

▭	
□	
△	

5

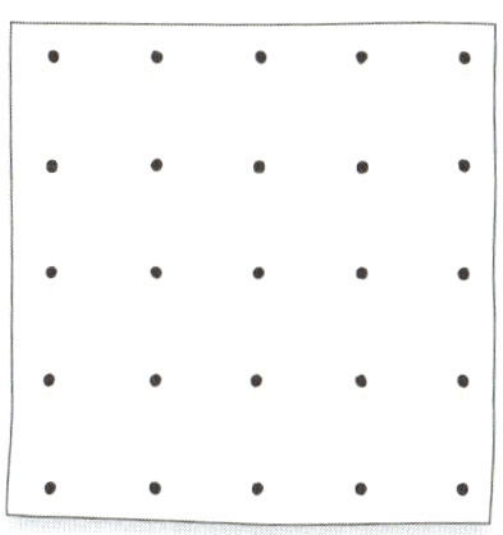

▭	1
□	1
△	1

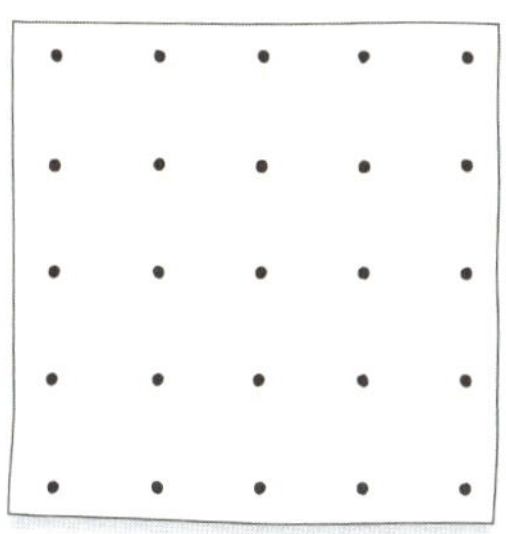

▭	0
□	2
△	1

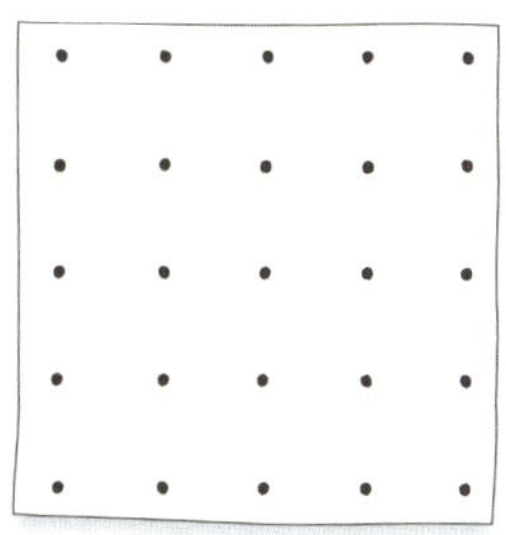

▭	1
□	3
△	2

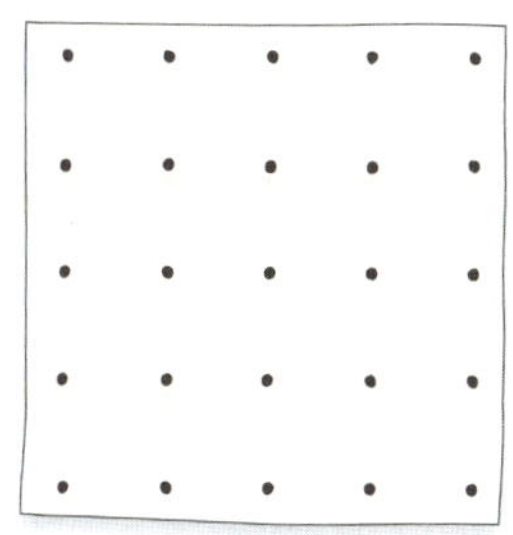

▭	
□	
△	

3 Möglichst viele verschiedene Dreiecke spannen und anschließend zeichnen. **4** Figuren spannen, geometrische Formen erkennen und Anzahl jeweils in der Tabelle notieren. **5** Vorgegebene Anzahl von Formen spannen und anschließend zeichnen.

1 Welches Kind sieht was? Male in der richtigen Farbe an.

2

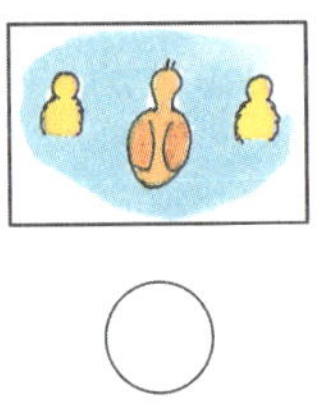

1–6 Tiere aus unterschiedlicher Perspektive betrachten (Perspektivwechsel) und den Standorten zuordnen. Zur Veranschaulichung Aufgabenstellung als Situation nachstellen (z. B. mit einem Stofftier).

3

4

5

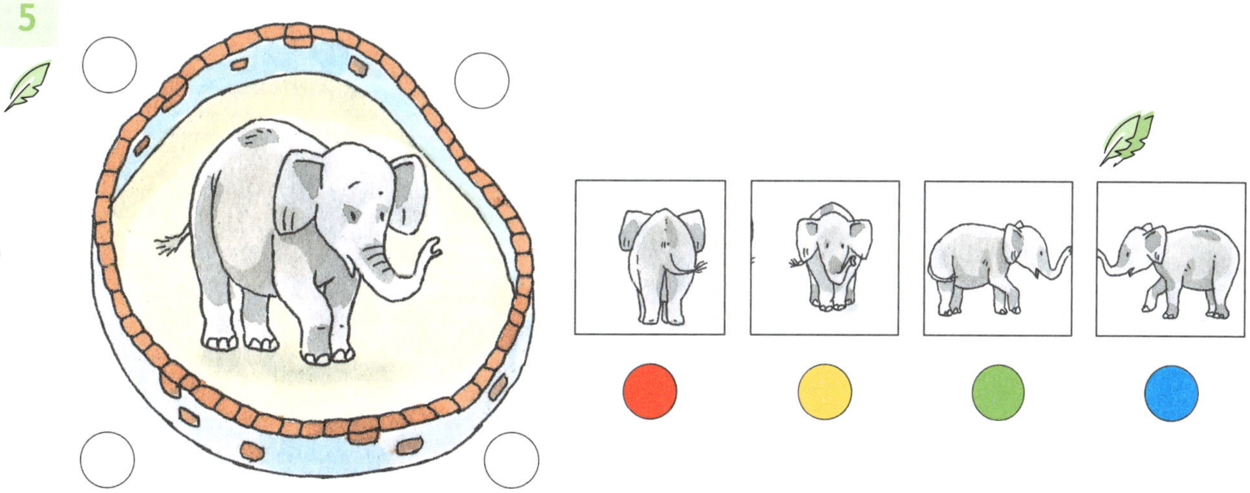

Schatzsuche – Wege finden

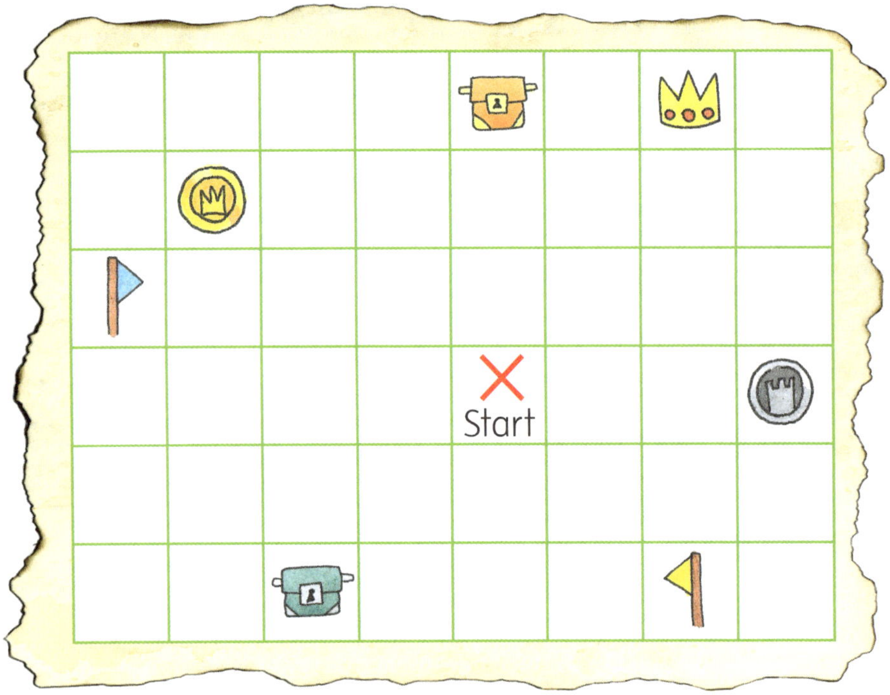

nach rechts	→
nach links	←
nach oben	↑
nach unten	↓

1

X 1↓ 4← 2↑ 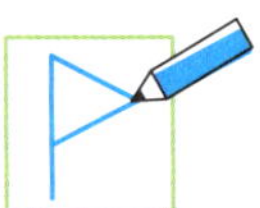

X 1↑ 2← 1↑ 1←

X 1↓ 2→ 1↑ 1→

X 1↑ 3→ 3↓ 1←

X 2→ 1↑ 1→ 2↑ 1←

X 1→ 1↓ 1← 1↓ 2←

2 Zeichne in die Karte.

X 2↑ 1← 1↑ 3← 

X 4← 2↓ 3→ 1↑ 

X 1→ 1↑ 1→ 1↑ 

X 2↓ 3← 3↑ 5→ 1↓ 

X 3→ 2↓ 3← 5↑ 1← 

X 3← 2↓ 6→ 5↑ 2← 

1–2 Der Wegbeschreibung auf der Karte mit einem Wendeplättchen folgen und Zielsymbol im Kasten bzw. auf der Karte einzeichnen.

3 Finde immer 2 Wege.

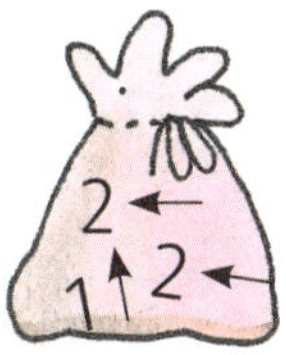

X 2← 2← 1↑

X 1↑

X

X

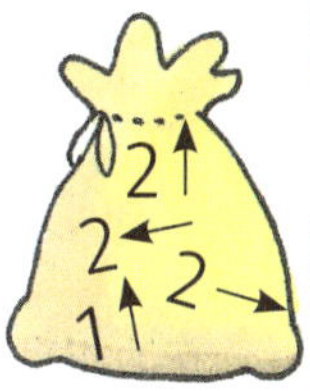

X

X

X

X

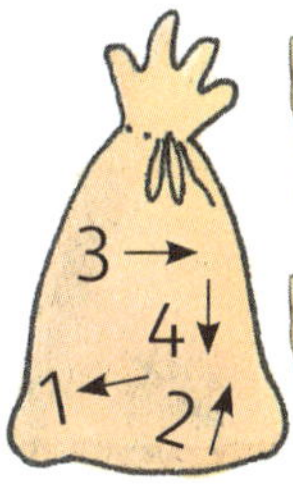

X

X

X

X

4 Zeichne den Weg ein.

X 3→ 5→ 4↓

X 3← 2↓ 4→ 2↑ 1←

X 1↓ 8← 4↑ 8→ 3↓

X 3← 2↓ 3→

X 3↓ 3→ 1↑ 2← 1↑ 5→

X 1↓ 8→ 1↑ 6← 1↑ 3→ 1↑

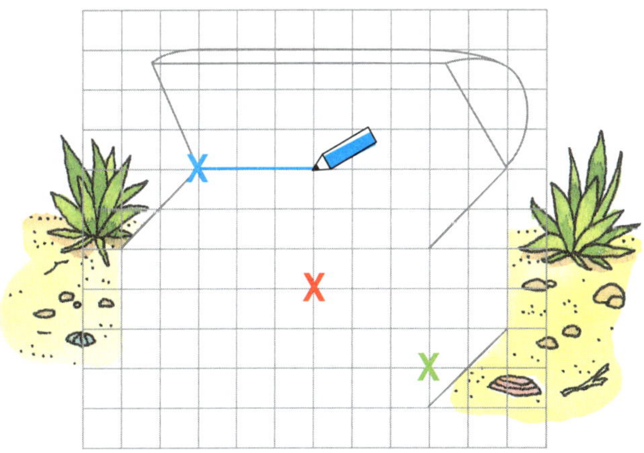

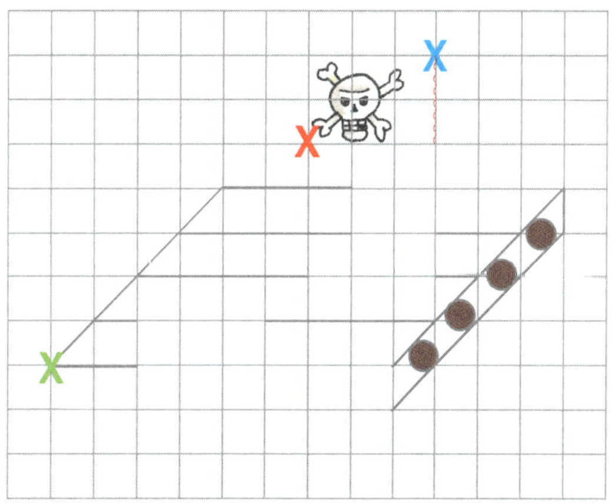

3 Zu vorgegebenen Zielfeldern mit gegebenen Wegabschnitten jeweils zwei verschiedene Wege finden. **4** Wege einzeichnen.

Würfelhausen – Mit Würfeln bauen

1

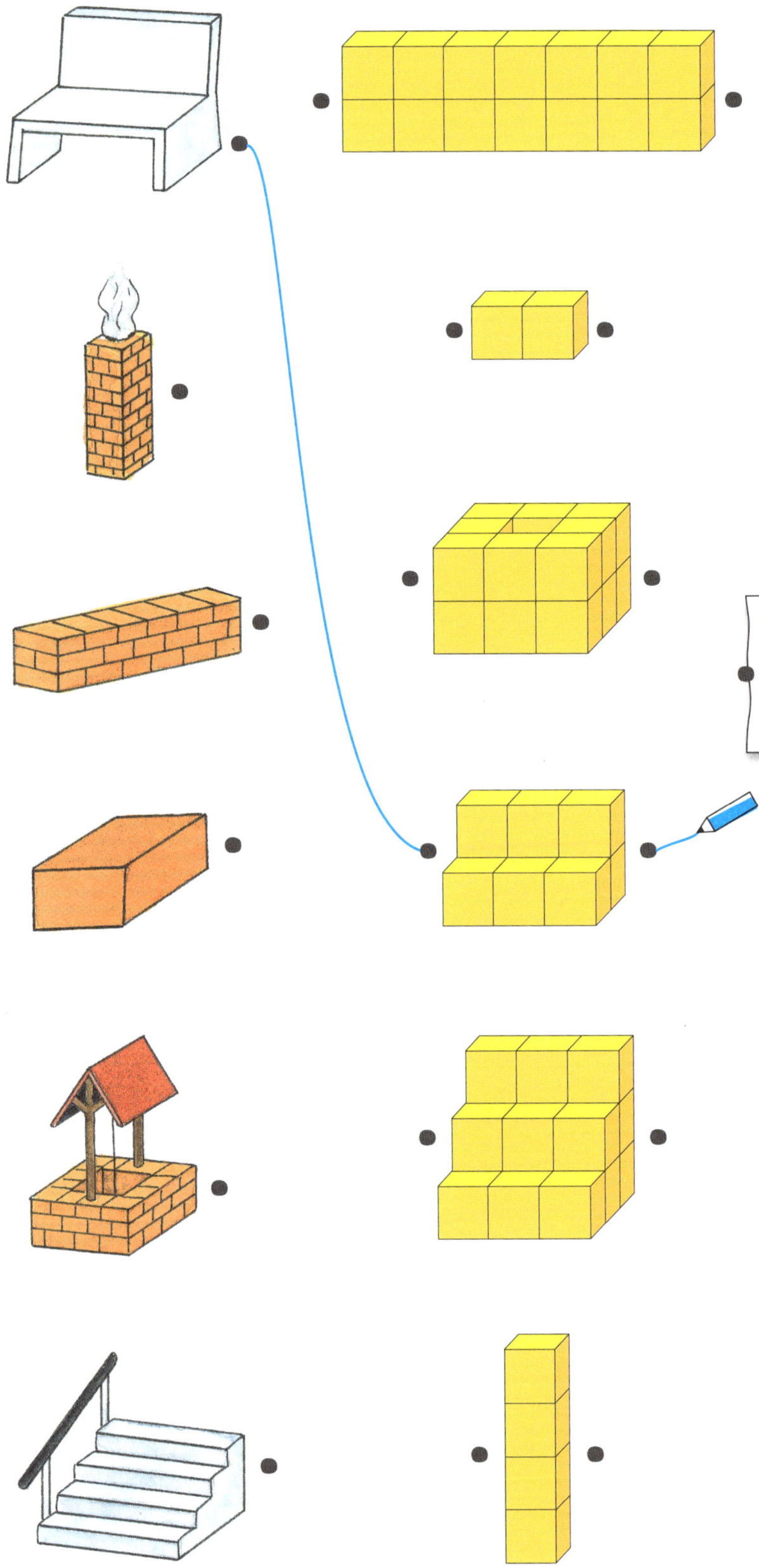

2	2	2
1	1	1

3	3	3
2	2	2
1	1	1

2	2	2	2	2	2	2

4

1	1

2	2	2
2		2
2	2	2

1 Gebäude und Bauplan einander zuordnen.

2

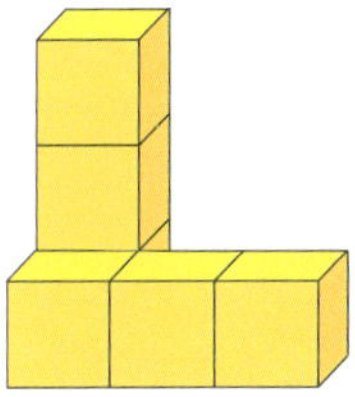

___

1	2	1	1

___

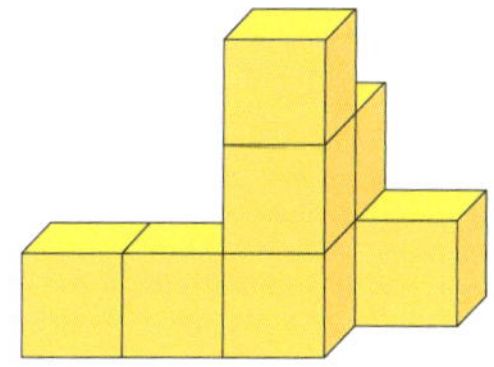

___

2	
3	2

___

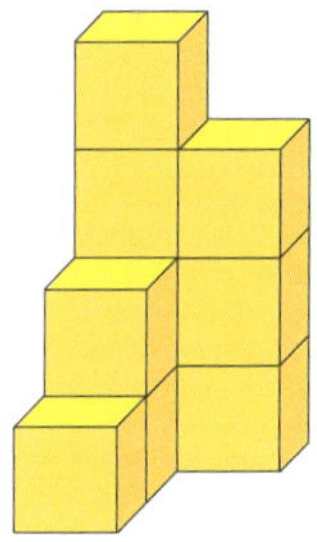

___

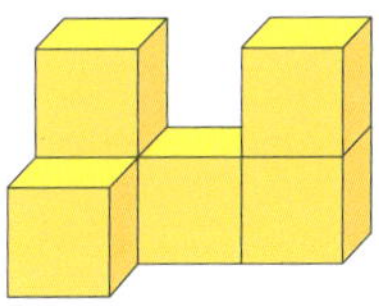

___

2	3	2
1		1

___

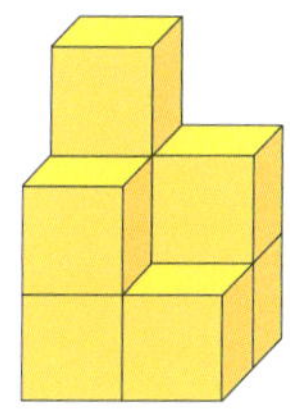

___

3

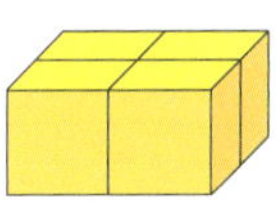 2 dazu → 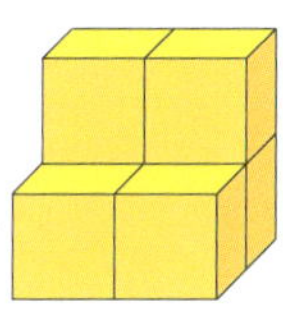 ___ dazu → 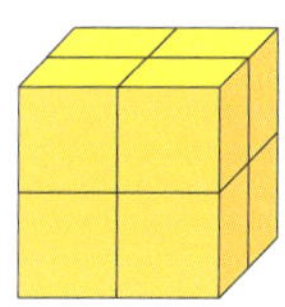

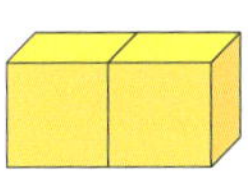 ___ dazu → 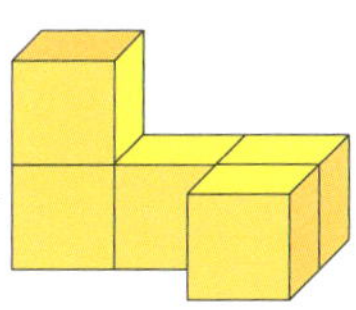 ___ dazu → 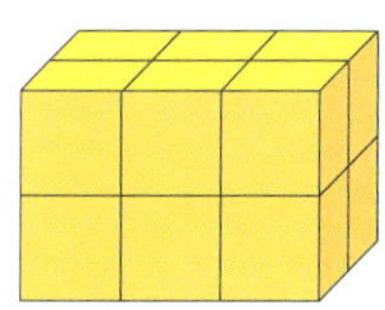

2 Anzahl der Würfel bestimmen und notieren. **3** Würfelgebäude schrittweise nachbauen und notieren, wie viele Würfel jeweils hinzugefügt wurden.

1 Färbe den passenden Bauplan jeweils in derselben Farbe.

2	1	1
		1

1	2	1
1		1

3	1	1
1		
1		

2

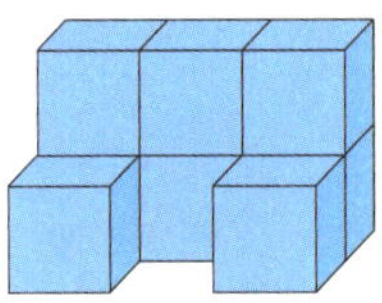

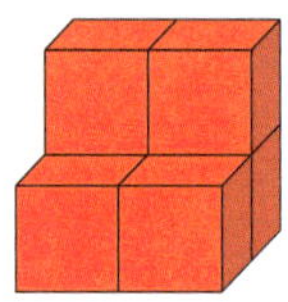

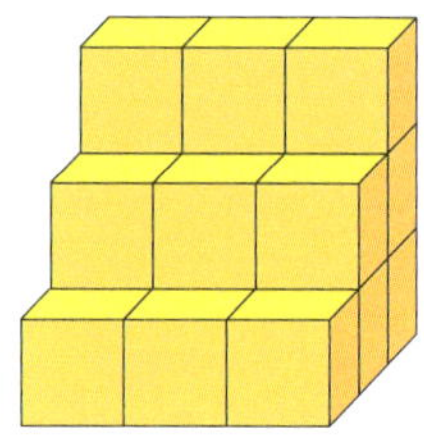

2	2
1	1

3	3	3
2	2	2
1	1	1

2	2	2
1		1

3

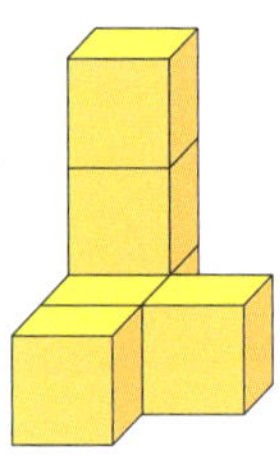

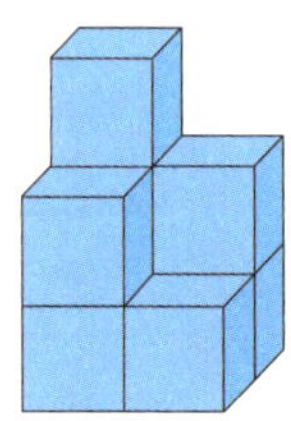

3		

1 – 2 Bauplan in derselben Farbe wie dazugehöriges Gebäude färben. Nachbauen hilft, nicht sichtbare Würfel zu erkennen.
3 Baupläne vervollständigen.

4 Welcher Würfel ist zu viel? Male ihn rot aus.

3	2
2	1

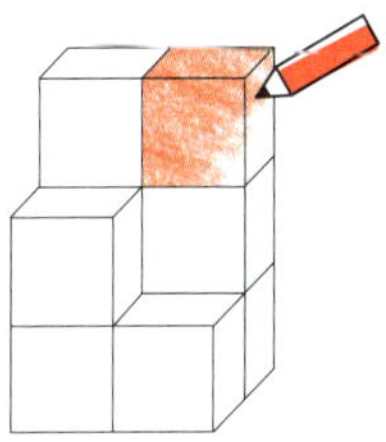

3	2
1	1

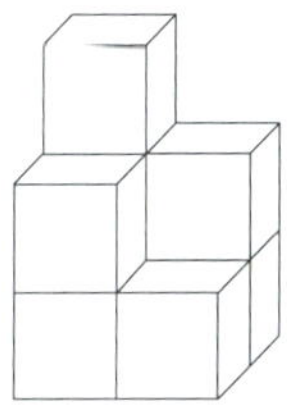

2	1
2	1

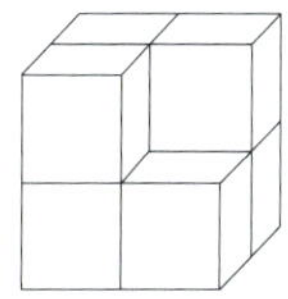

3	1	1
1		

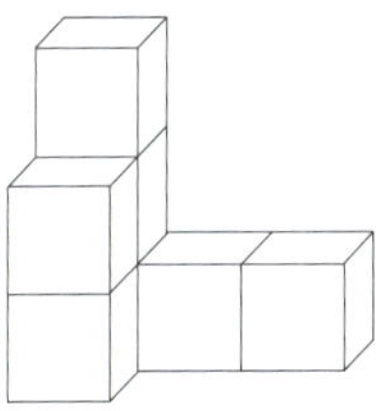

1	2	1
	1	

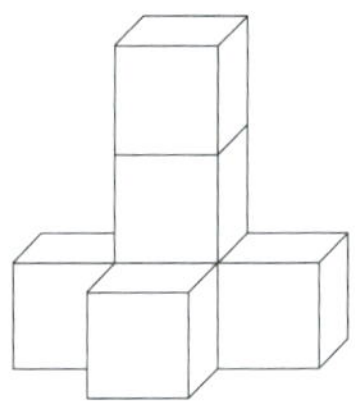

3	2	1
1	1	1

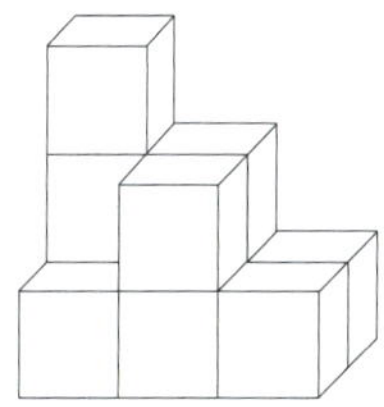

5 Welche Würfel sind zu viel? Male sie rot aus.

3	2	1
1		

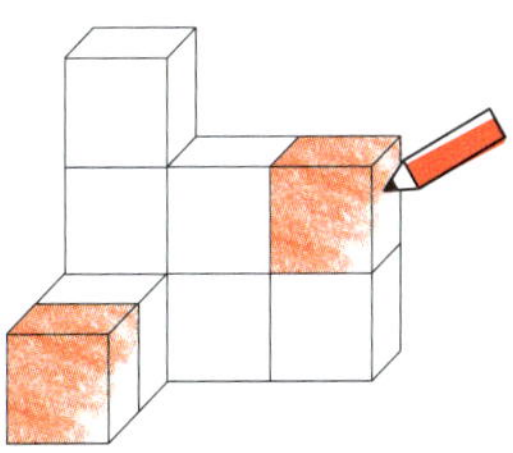

2	2	2
1	2	1

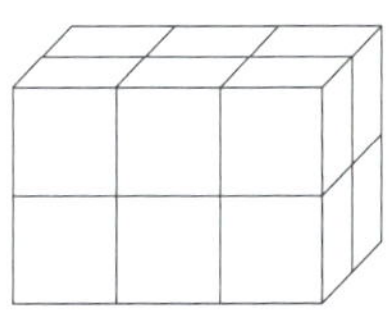

1	2	3
	1	2

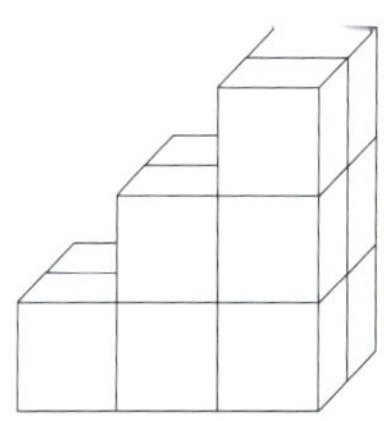

4–5 Würfelgebäude mit Bauplan vergleichen. Die Würfel färben, die nicht im Bauplan stehen.

1 Zeichne ein.

Ecken

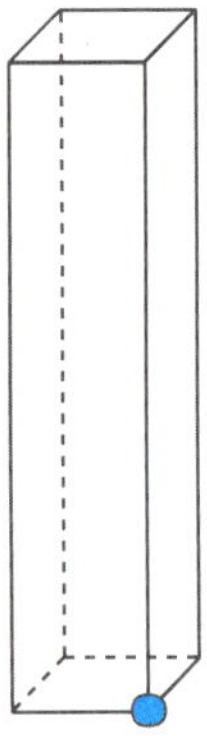

Kanten

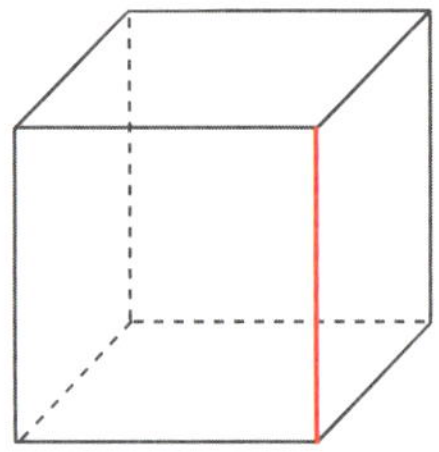

Flächen

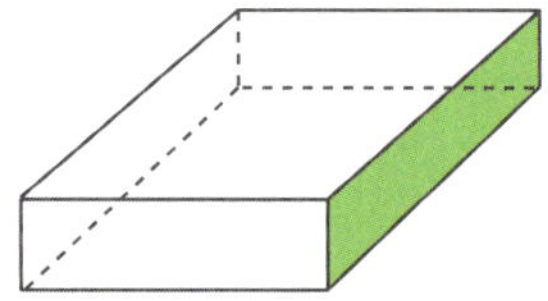

2 Was ist richtig? Kreuze an. ☒

Der Körper ...	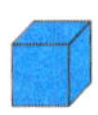		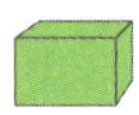	
ist eckig.	X			
rollt gut.		X		
hat Flächen.			X	
hat Kanten.				X

3

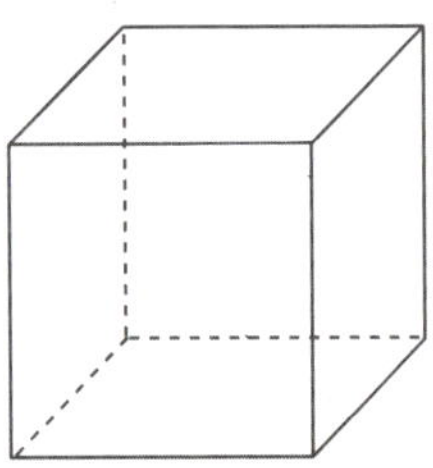

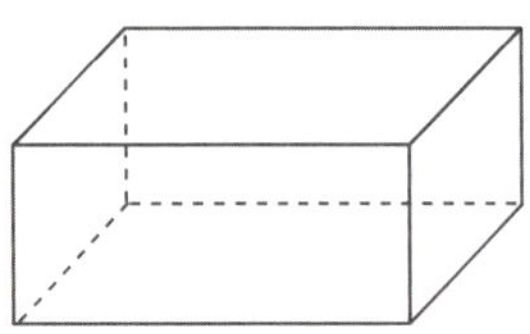

___ Ecken
___ Kanten
___ Flächen

___ Ecken
___ Kanten
___ Flächen

___ Ecken
___ Kanten
___ Flächen

1 Ecken, Kanten und Flächen markieren. **2** Richtige Ausssagen ankreuzen. **3** Eigenschaften von Körpern untersuchen und notieren.

1 Wer sieht was? Kreuze an. ☒

a) Was sieht Tom?

- liegt auf ☒
- steht links von ☐
- steht vor ☐
- steht hinter ☐

b) Was sieht Anna?

- steht links von ☐
- steht hinter ☐
- liegt vor ☐
- liegt vor ☐

2 Wer sieht was? Setze ein.

a) Was sieht Tom?

- steht vor
- steht ________ von
- liegt ________

b) Was sieht Anna?

- liegt ________
- steht ________
- steht ________ von

~~vor~~ | hinter | vor | rechts | links | unter

1–2 Aus der Perspektive der Kinder die Lage der Bauklötze beschreiben, richtige Aussagen ankreuzen bzw. in Lückentext einsetzen. Evtl. Situation mit Bauklötzen nachstellen.

1 Lege die Figuren.

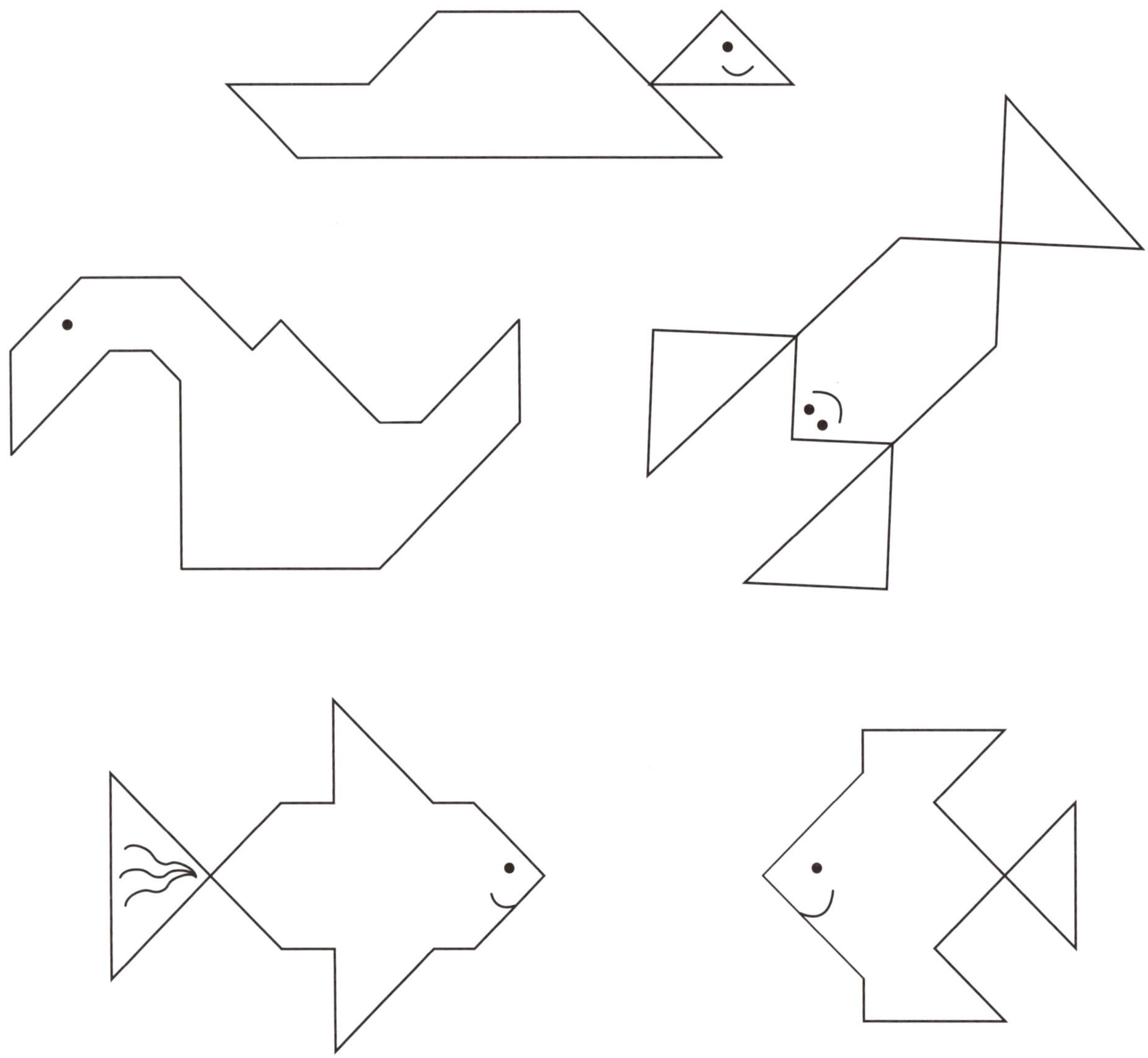

▭					
□					
△					
△					

1 Die verkleinerten Figuren mit Geo-Plättchen nachlegen und Anzahl der gelegten Formen in der Tabelle notieren. Es gibt für jede Figur unterschiedliche Möglichkeiten.

2

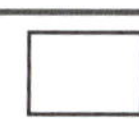		

3 Erfinde eine eigene Figur. Zeichne sie.

1 Gestalte selbst ein Bild.

2 Zeichne ein Bild mit diesen Formen.

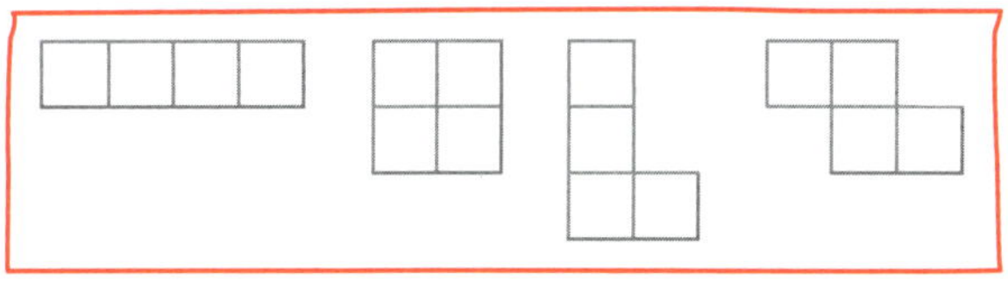

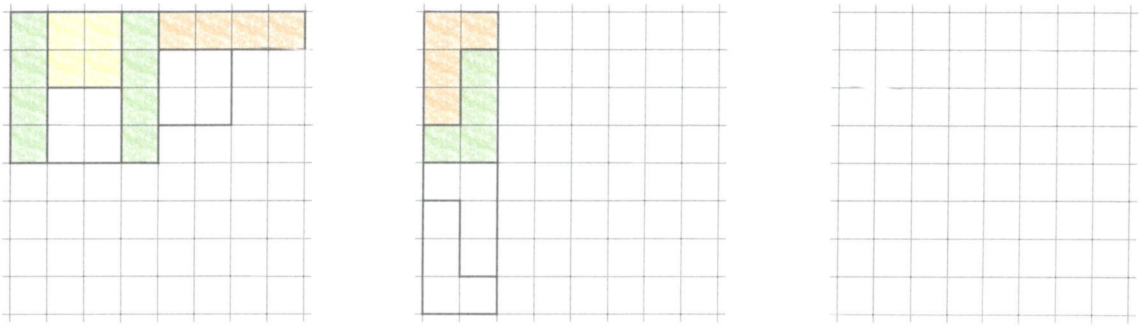

3 Zeichne ein Bild mit diesen Formen.

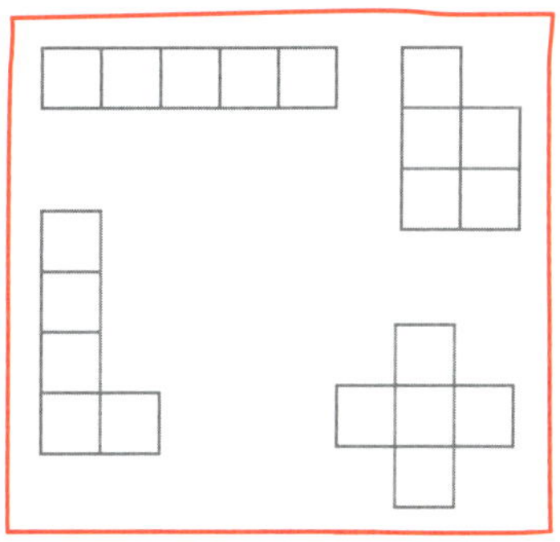

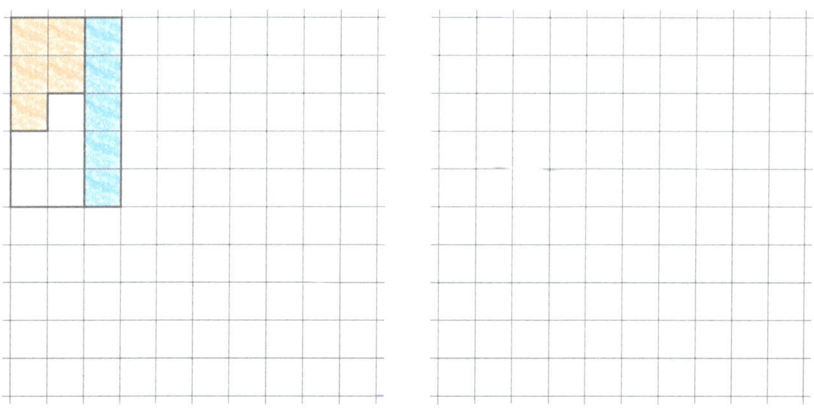

2–3 Mit gegebenen Vier- oder Fünflingen Flächen vollständig ausfüllen. Symmetrische Muster können entstehen.

1 Miss die Länge. Zeichne die Strecke.

4 cm

___ cm

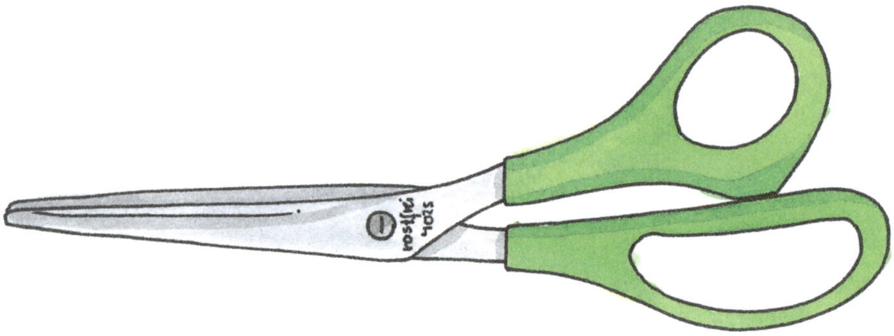

___ cm

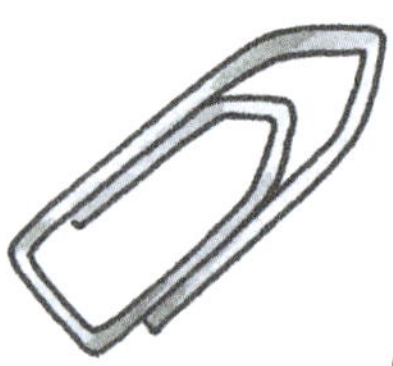

___ cm

___ cm

___ cm

2 Miss in deinem Zimmer.

Breite des Bettes: ____________

Höhe des Stuhles: ____________

Breite der Federmappe: ____________

____

Länge eines Bleistiftes: ____________

Höhe der Lampe: ____________

Länge des Schrankes: ____________

____

1 Länge der abgebildeten Gegenstände messen und notieren. Strecke entsprechender Länge zeichnen. **2** Gegenstände im Kinderzimmer messen, Länge notieren. Zwei Gegenstände selbst wählen.

3 Welche Länge passt? Verbinde.

3 cm	90 cm	72 cm	11 cm	48 cm	25 cm

4 Zeichne vom Punkt aus. Was ist es?

→ nach rechts
← nach links
↑ nach oben
↓ nach unten

3 cm ↑
3 cm →
3 cm ↑
1 cm →
6 cm ↓
1 cm ←
2 cm ↑
2 cm ←
2 cm ↓
1 cm ←

3 cm →
1 cm ↑
1 cm ←
1 cm ↑
2 cm →
3 cm ↑
5 cm ←
3 cm ↓
2 cm →
1 cm ↓
1 cm ←
1 cm ↓

______________________ ______________________

1 Erzeuge mit einem Spiegel aus dem großen Bild die kleinen Bilder.
Wie steht der Spiegel? Zeichne ein.

2 Zeichne die Spiegelbilder.
Prüfe mit einem Spiegel.

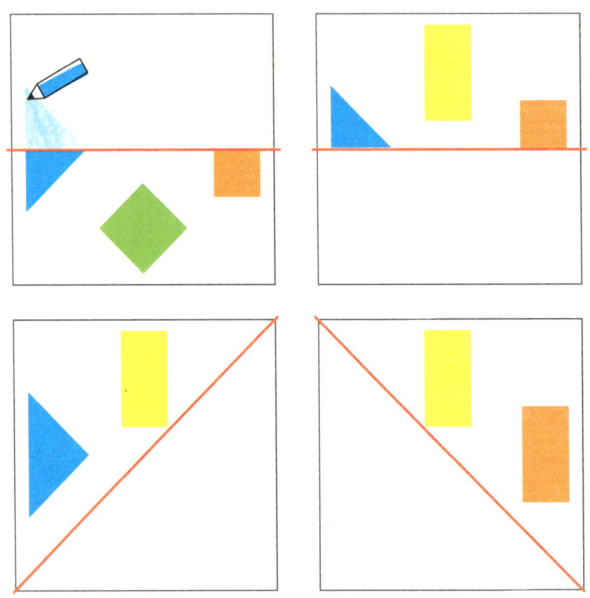

1 Spiegel so an das große Bild halten, dass die kleinen Bilder sichtbar werden. Spiegelachse einzeichnen. **2** Spiegelbilder freihand einzeichnen und mit Spiegel prüfen.

3 Zeichne das Spiegelbild.

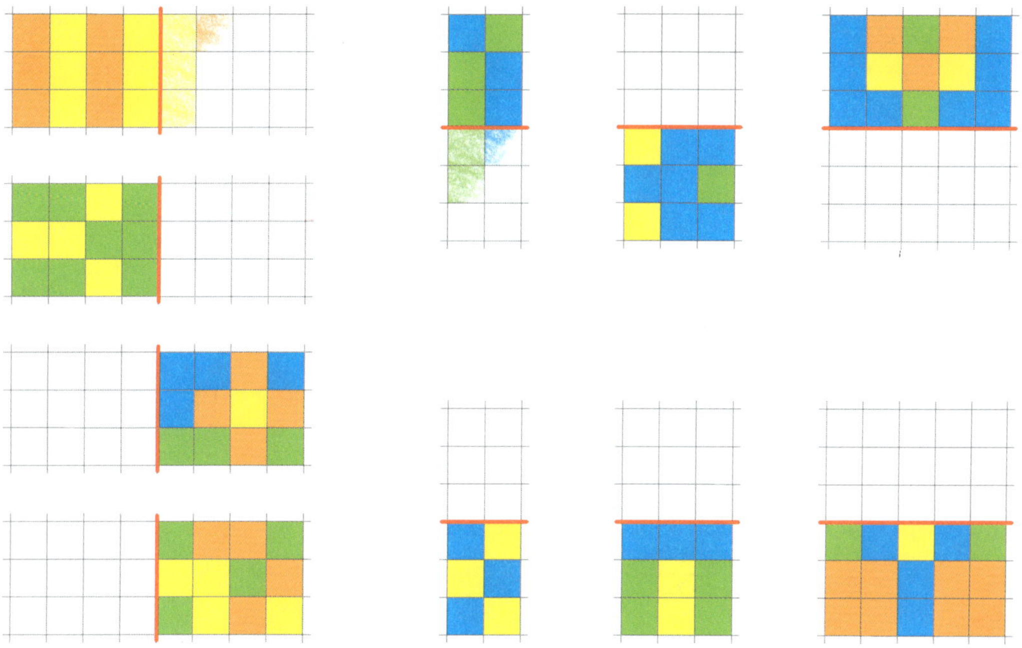

4 Finde immer 4 Fehler. Kreise ein.

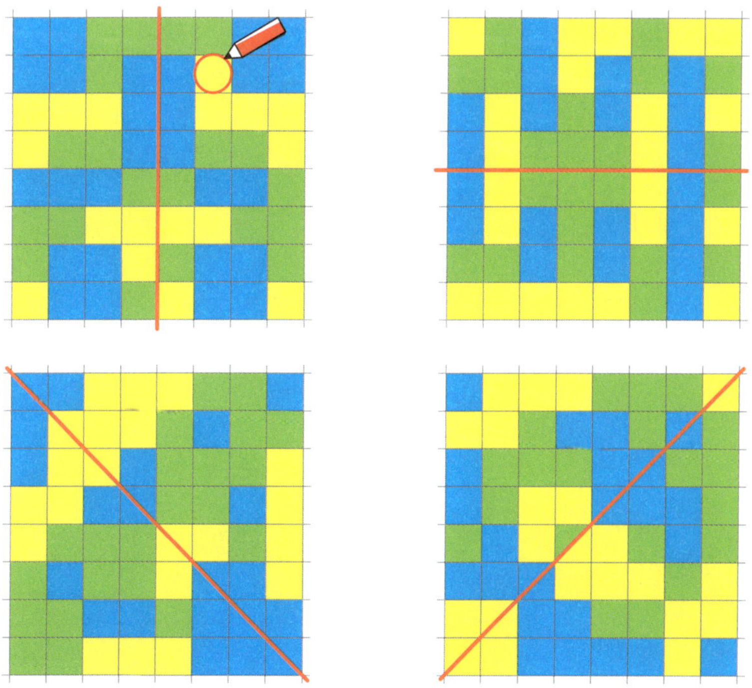

3 Spiegelbilder zeichnen und mit dem Spiegel prüfen. **4** In jedem Spiegelbild sind vier Fehler. Fehler einkreisen. Ggf. mit einem Spiegel überprüfen.

Fensterbilder – Symmetrische Figuren falten

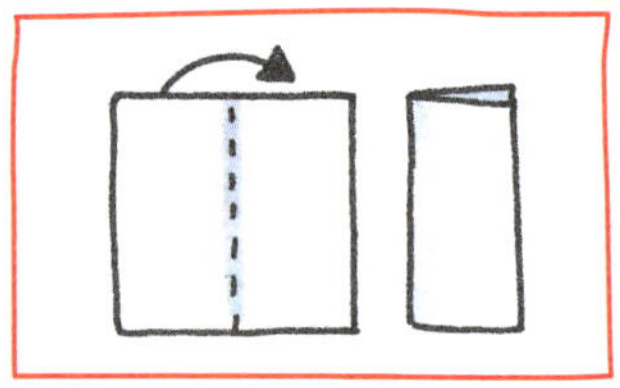

1 Falte und schneide.
Welche Figuren entstehen? Male passend aus.

2 Falte, zeichne und schneide. Erfinde eine eigene Figur.
Welche Figuren findest du oben im Bild?

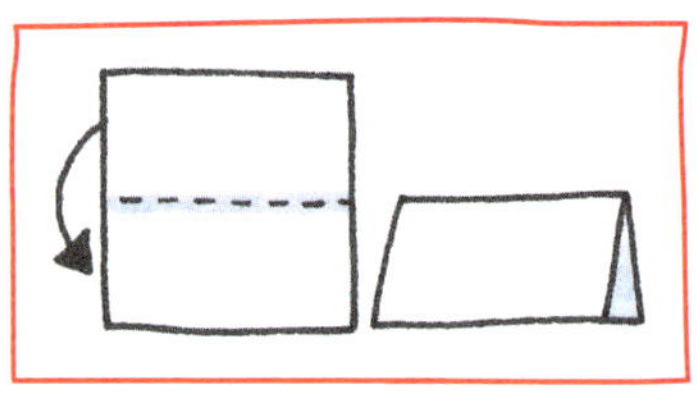

1–2 Ein Blatt falten, Halbfigur von der Faltkante aus aufzeichnen, ausschneiden und wieder entfalten. **1** Die Zielfigur in passender Farbe ausmalen.

3 Wie sieht dein Stern aus?
Falte, zeichne und schneide.

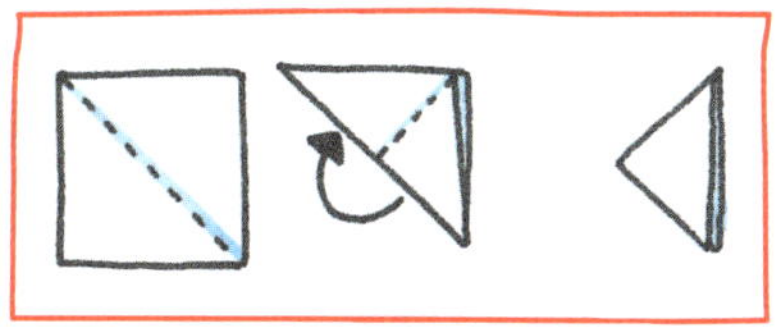

4 Falte und schneide.
Lege Muster mit den Figuren.

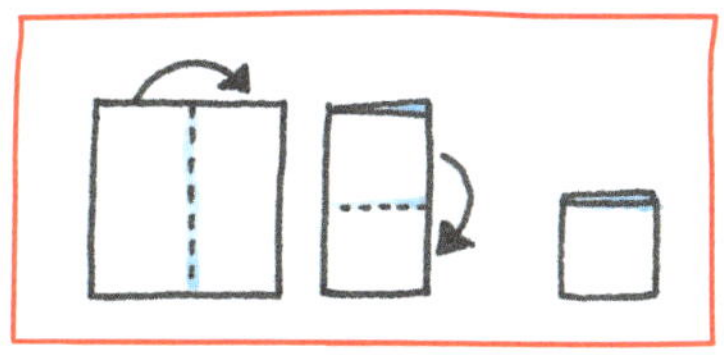

1

a) 3 verschieden große Kreise auf farbiges Papier zeichnen und ausschneiden.

b) Immer halbieren.

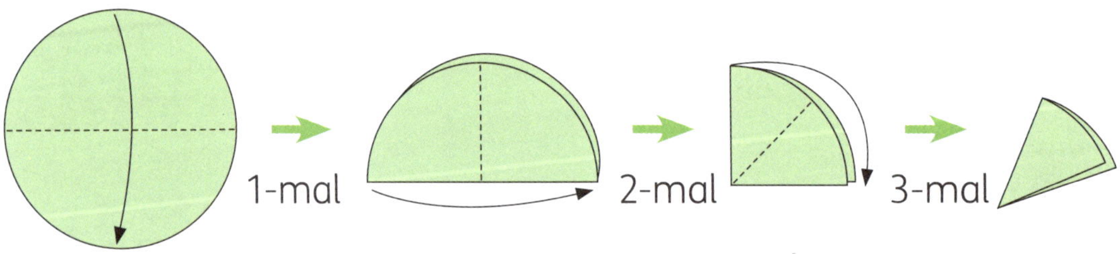

c) Auf jedes Tortenstück eine Blüte zeichnen und ausschneiden.

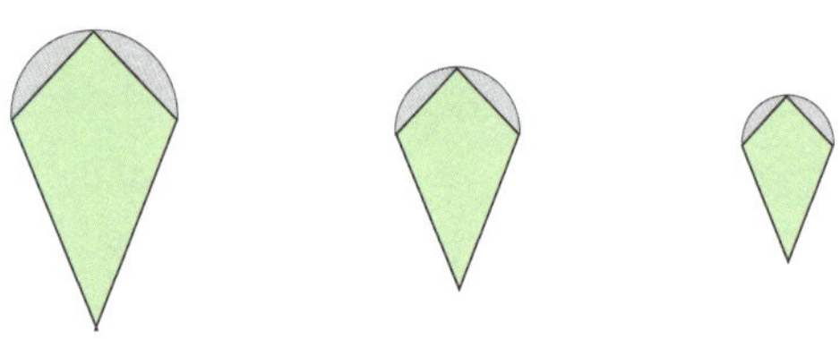

d) Blüten aufeinander legen und festkleben.

1 Nach Faltanleitung aus farbigem Papier eine Seerose falten.

2

a) Papier 2-mal falten und öffnen.

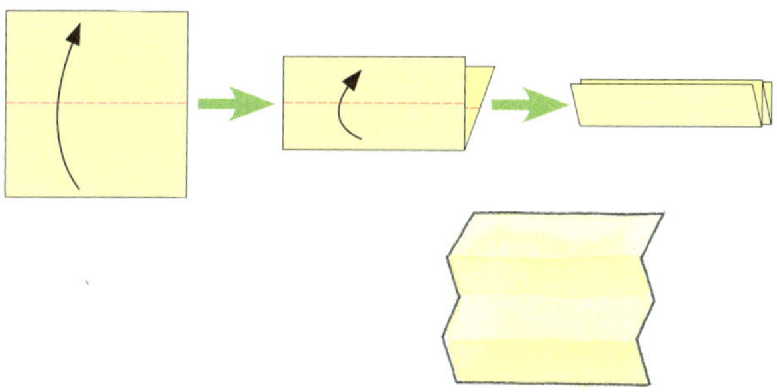

b) Papier 2-mal falten und öffnen.

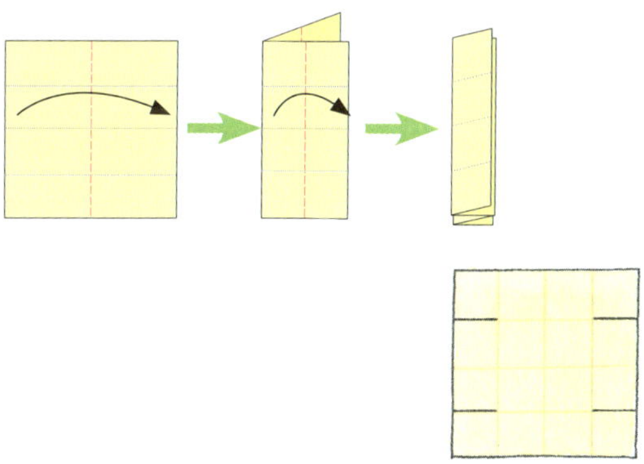

c) Papier 4-mal entlang der roten Linie einschneiden.

d) Innenteile bis zum Knick falten.

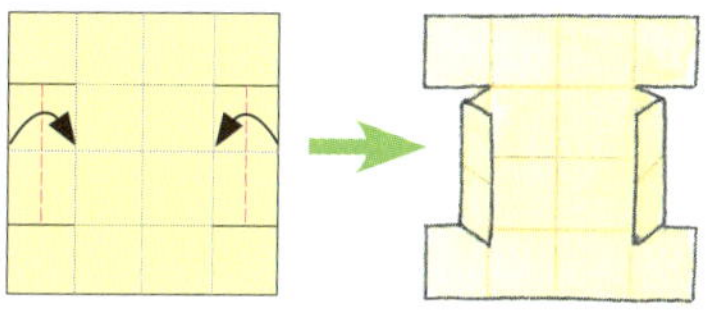

e) Blatt wenden und als Haus bemalen.

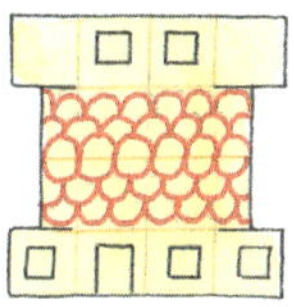

f) Seitenwände zusammenkleben.

2 Nach Faltanleitung ein Haus falten und farbig gestalten.

Geobrett – Figuren spannen

1 Zeichne das Spiegelbild.

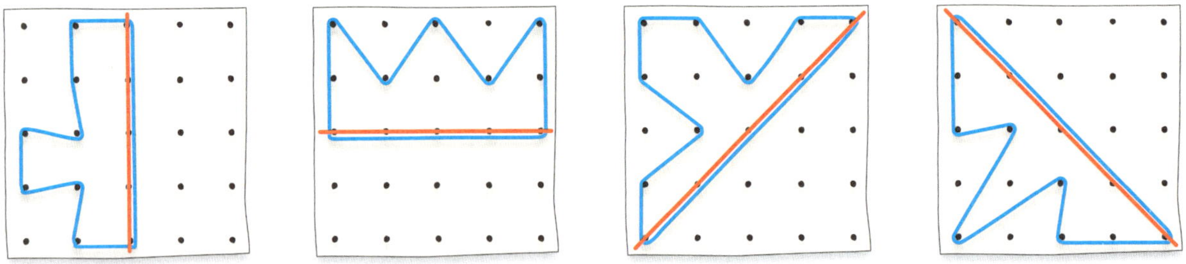

2 Spanne um. Zeichne die Veränderung ein.

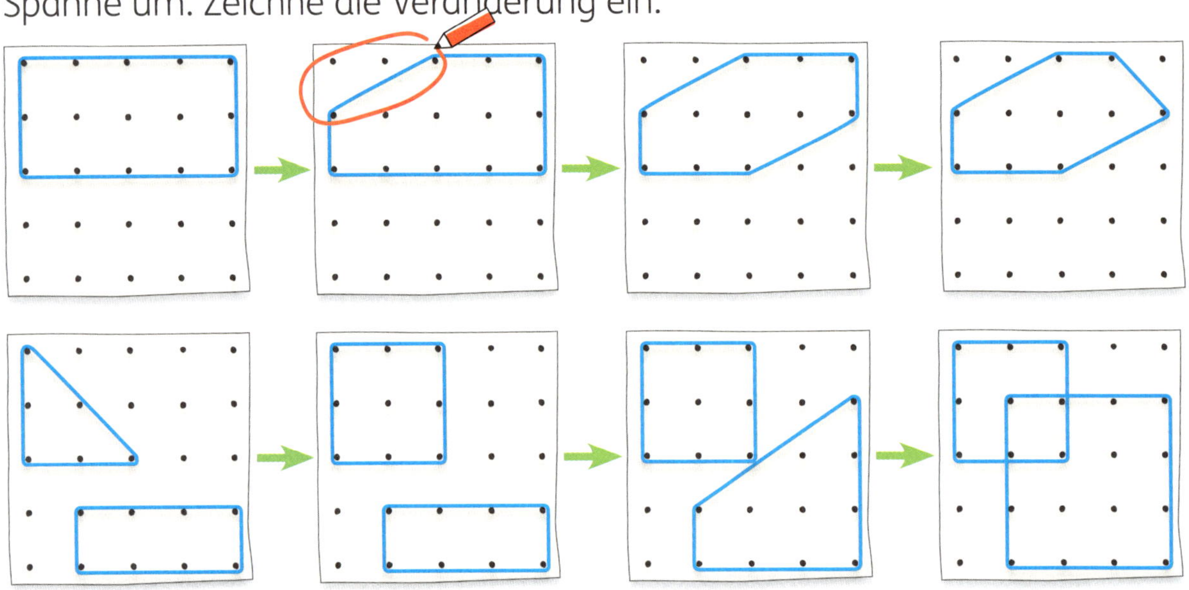

3 Wie kommst du zum Ziel? Spanne um und zeichne.

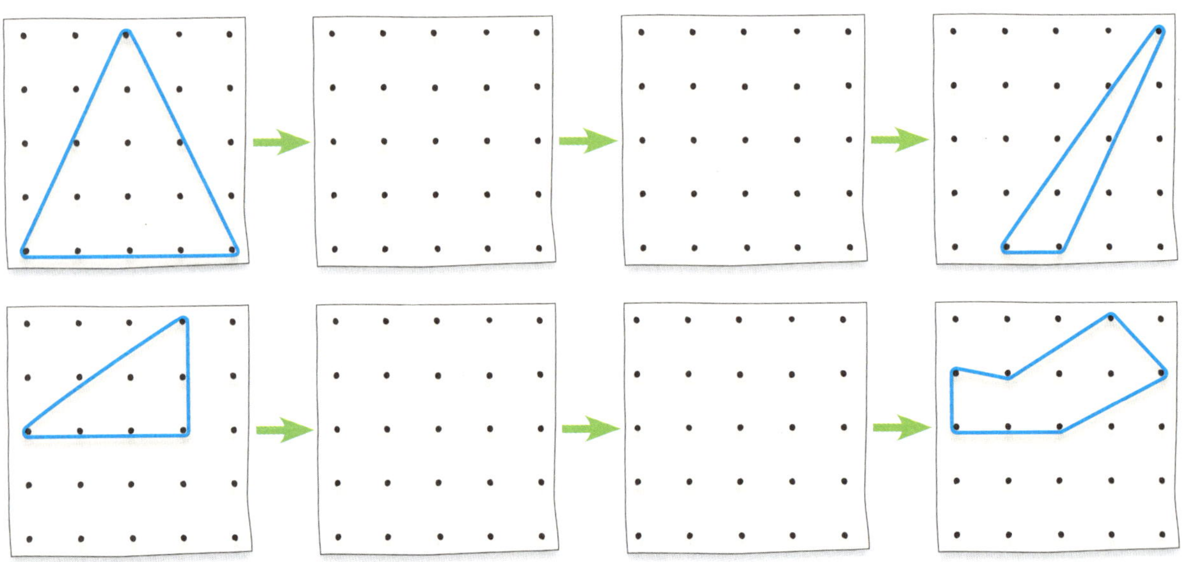

1 Vorgegebene Figuren spannen und spiegelbildlich ergänzen, anschließend zeichnen. **2 – 3** Figuren spannen und schrittweise verändern. Anschließend zeichnen.

Spanne Quadrate auf dem Geobrett.
Wie viele verschiedene Quadrate kannst du spannen?

Denke.

Erkläre die Aufgabe in eigenen Worten.

Welches Material kann dir helfen, die Aufgabe zu lösen?

Probiere und löse.

Zeichne.

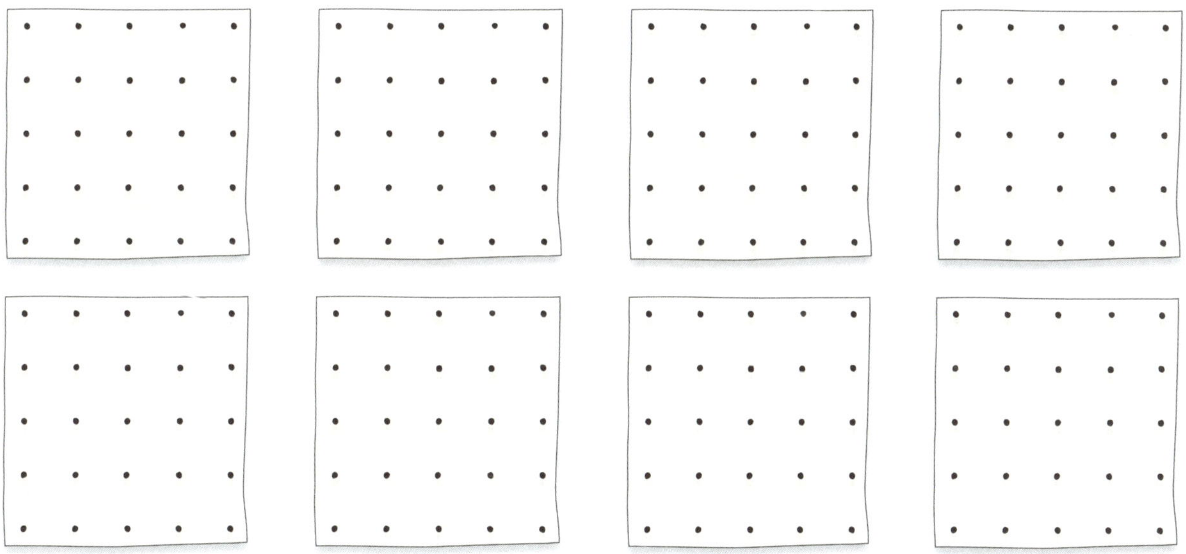

Ich habe ______ verschiedene Quadrate gefunden.

Beschreibe.

Beschreibe deinen Lösungsweg.

Versuch
spannen
malen
dann
zuerst
Idee
überlegen
danach

Würfelcity – Mit Würfeln bauen

1 Baue und zähle.

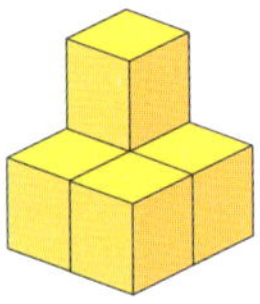

___

3	1
3	1

___

___

3	2
1	1

___

2	1	1
	1	

___

___

2	2	1
2		1

___

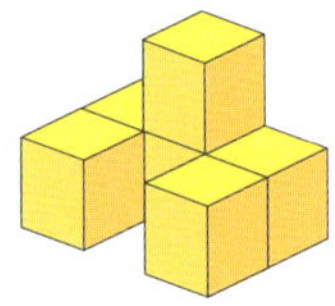

___

2 Welcher Bauplan passt zum Gebäude?
Male in derselben Farbe aus.

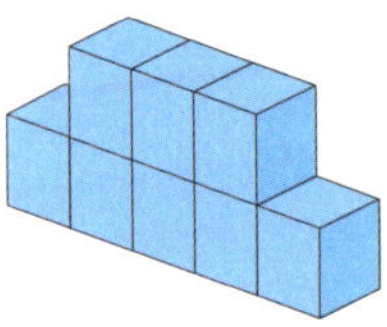

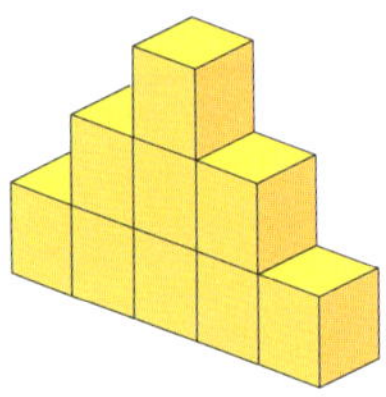

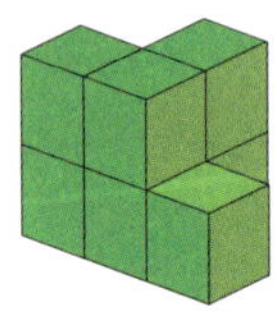

1	2	3	2	1

	1
2	1
2	2
1	

1	2	2	2	1

	1
2	1
1	

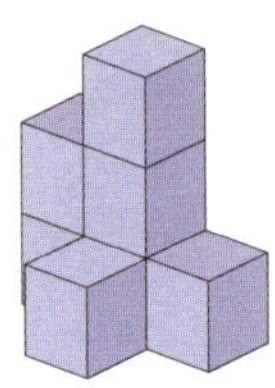

3	2	1
2		

1	2	3
		1

2	3	1
	1	

1	2	2
		1

1 Gebäude nachbauen. Anzahl der Würfel notieren. **2** Baupläne in der jeweils passenden Farbe ausmalen.

3 Baue und schreibe den Bauplan.

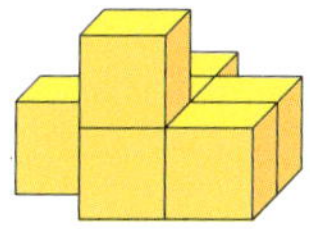

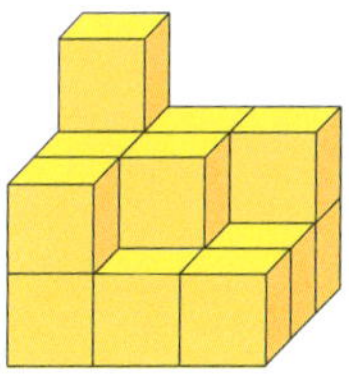

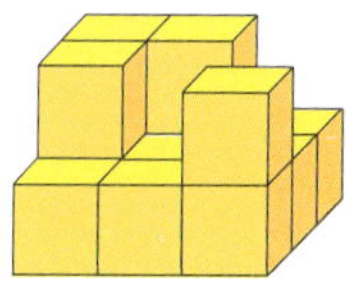

4 Welche Würfelgebäude sind gleich? Male sie in derselben Farbe aus.

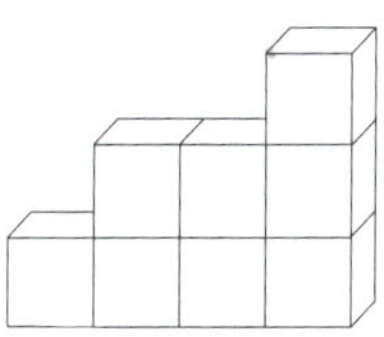
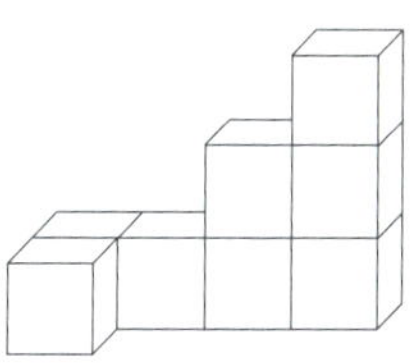
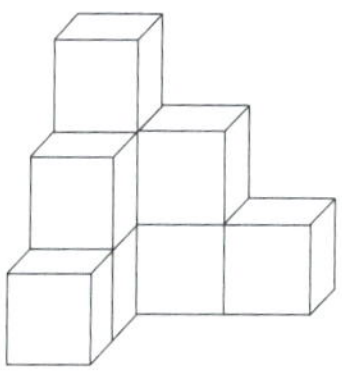

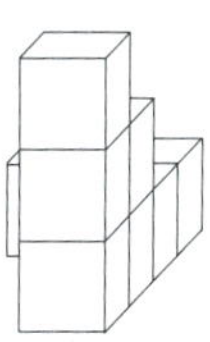
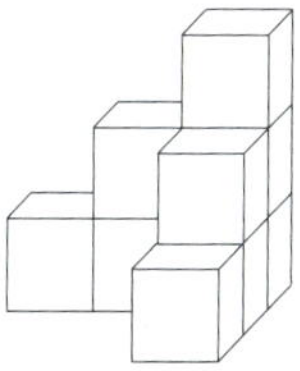
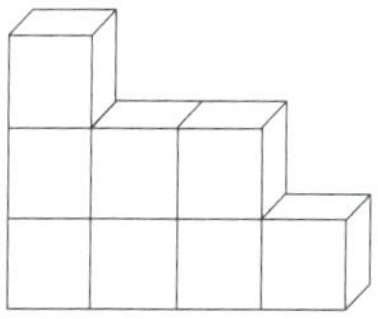

1 Welche Beschreibung passt zu welchem Gebäude? Male aus.

2	2	2
2	2	2

hat einen Turm

2	2	2
1	1	1

ist überall gleich hoch

4	1	1
1	1	1

hat 11 Würfel

3	1	3
2	1	1

sieht aus wie eine Bank

1	1	1
1	4	1
1	1	1

sieht aus wie eine Treppe

2	2	2
2		2
2	2	2

hat 15 Würfel

3	3	3
2	2	2
1	1	1

hat einen hohen Turm

2	2	2
1	1	1
2	2	2

hat ein Loch

2 Welche Beschreibung passt zu welchem Gebäude? Verbinde.
Das Würfelgebäude ...

1	1	1
1	5	1
1	1	1

2	2	1	1
2			1
1	1	1	1

2	2	2	2
2	2	2	2
2	2	2	2

- ... besteht aus 13 Würfeln.
- ... ist überall gleich hoch.
- ... hat weniger als 13 Würfel.
- ... hat einen hohen Turm.
- ... sieht aus wie ein Quader.
- ... sieht aus wie eine Bank.
- ... hat ein Loch.

Zu jedem Plan passt mehr als eine Beschreibung.

1 Beschreibungen passend zu Bauplänen färben. **2** Beschreibungen mit Bauplänen verbinden. Dazu alle Beschreibungen pro Bauplan prüfen.

3 Wie viele Würfel sind es?
Wie viele Würfel brauchst du, damit der Körper voll wird?

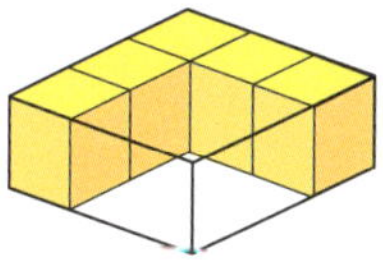

Es sind ___ Würfel.
Es fehlen ___ Würfel.
Insgesamt ___ Würfel.

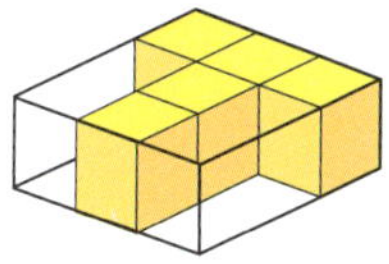

Es sind ___ Würfel.
Es fehlen ___ Würfel.
Insgesamt ___ Würfel.

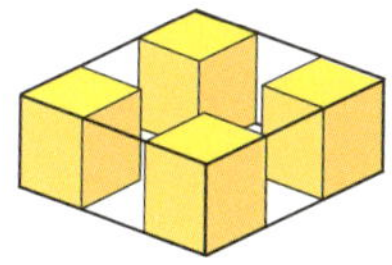

Es sind ___ Würfel.
Es fehlen ___ Würfel.
Insgesamt ___ Würfel.

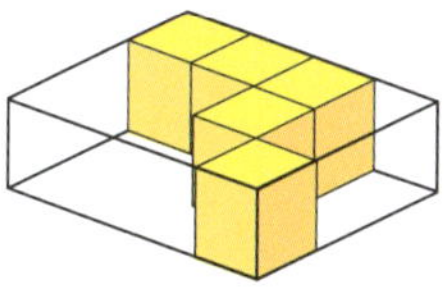

Es sind ___ Würfel.
Es fehlen ___ Würfel.
Insgesamt ___ Würfel.

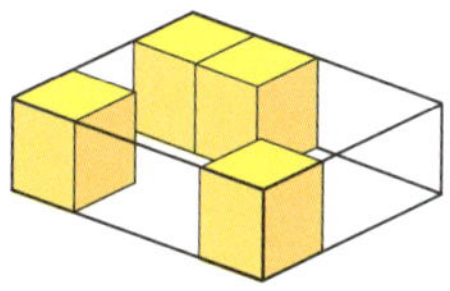

Es sind ___ Würfel.
Es fehlen ___ Würfel.
Insgesamt ___ Würfel.

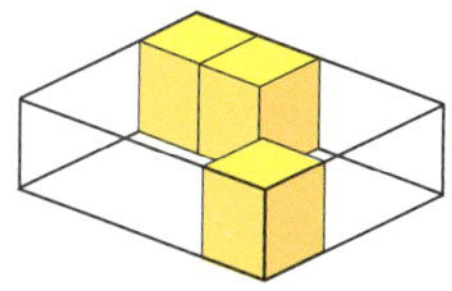

Es sind ___ Würfel.
Es fehlen ___ Würfel.
Insgesamt ___ Würfel.

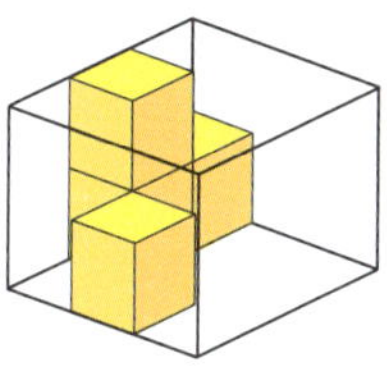

Es sind ___ Würfel.
Es fehlen ___ Würfel.
Insgesamt ___ Würfel.

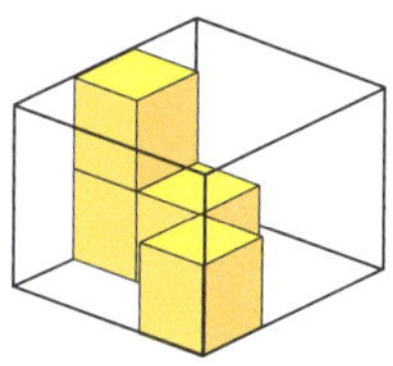

Es sind ___ Würfel.
Es fehlen ___ Würfel.
Insgesamt ___ Würfel.

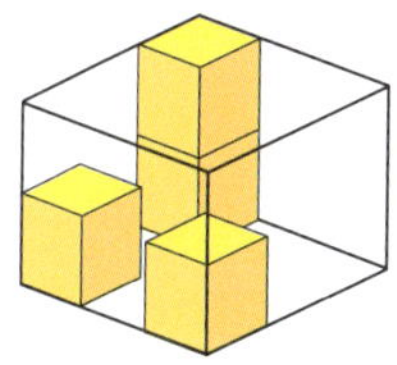

Es sind ___ Würfel.
Es fehlen ___ Würfel.
Insgesamt ___ Würfel.

Vergleiche die Anzahl der Würfel pro Zeile.
Was stellst du fest?

____
____
____
____
____
____

3 Anzahl der Würfel bestimmen. Anzahl der Würfel, die zum Quader fehlen, bestimmen.

Zeichnen in einem Zug

Zeichne das Haus in einem Zug.
Finde verschiedene Möglichkeiten.
An welcher Ecke kannst du beginnen?

Denke.

Erkläre die Aufgabe in eigenen Worten.

____

____

Probiere und löse.

Zeichne.

Deine Lösung: Wie kannst du zeichnen? Gib mindestens einen Weg an.

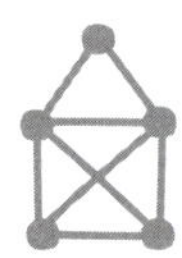

Beschreibe.

Beschreibe deinen Lösungsweg.

____

____

____

____

zuerst
versuchen
malen
Farben
danach
dann
Idee

Denke: Aufgabe in eigenen Worten formulieren. **Probiere und löse:** Mögliche Züge ausprobieren. Rot markieren, an welchen Ecken man beginnen kann. Einen möglichen Zug mit Pfeilen darstellen. **Beschreibe:** Lösungsweg reflektieren, dabei können Impulswörter verwendet werden.

1 Zeichne in einem Zug: Wo kannst du beginnen?

2 Erfinde selbst ein Beispiel.

1–2 Die Figuren sollen in einem Zug gezeichnet werden, ohne eine Kante doppelt zu zeichnen. Es gibt verschiedene Möglichkeiten. Die Anzahl der Kanten pro Ecke ist entscheidend.

Sternzeichen – Punkte verbinden

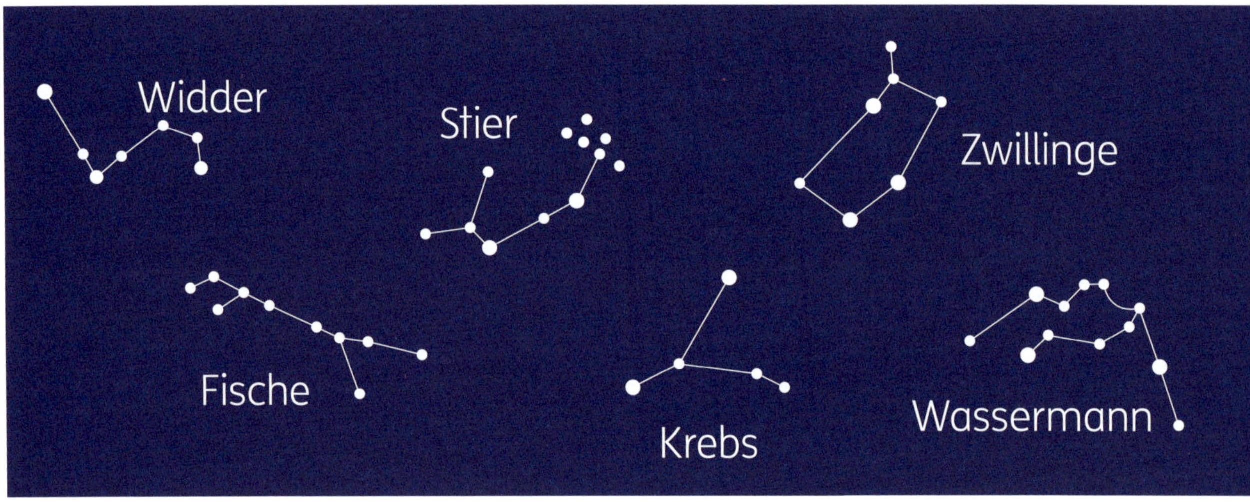

1 Verbinde die Punkte zu den Sternzeichen.

21.01. – 19.02.	20.02. – 20.03.	21.03. – 20.04.
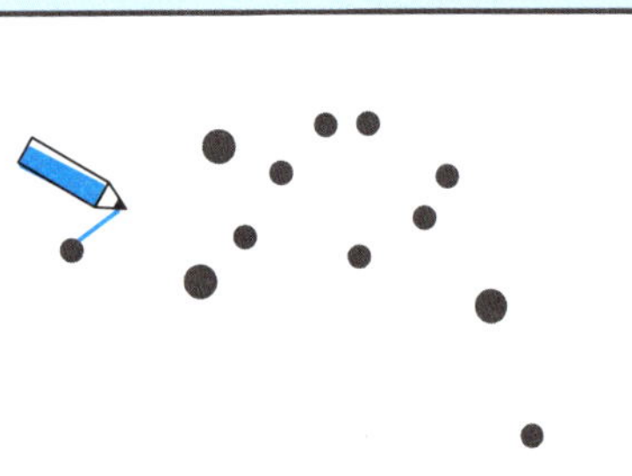	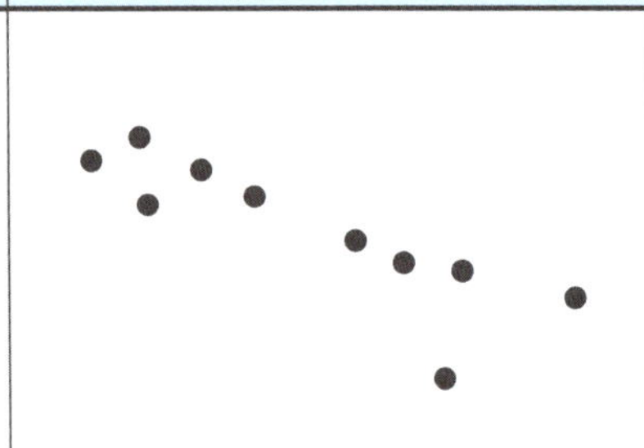	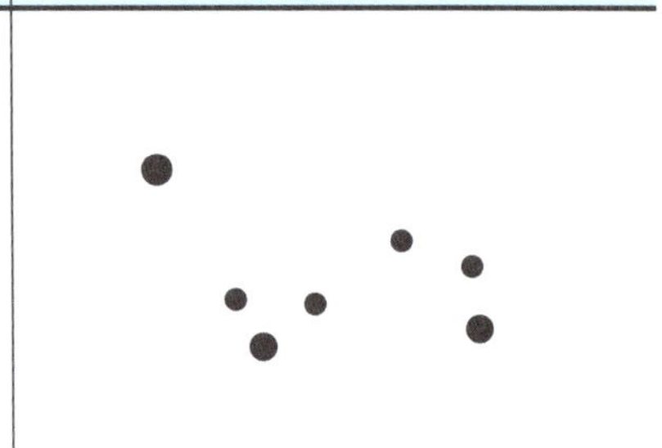
21.04. – 20.05.	**21.05. – 21.06.**	**22.06. – 22.07.**
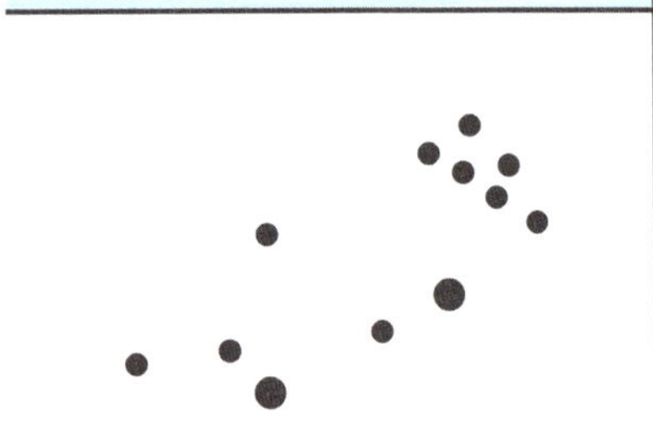	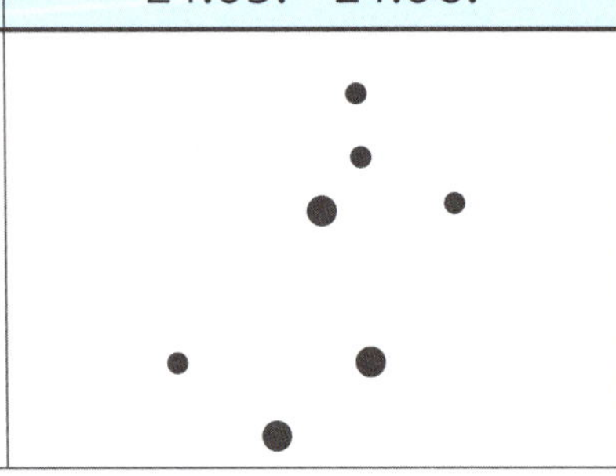	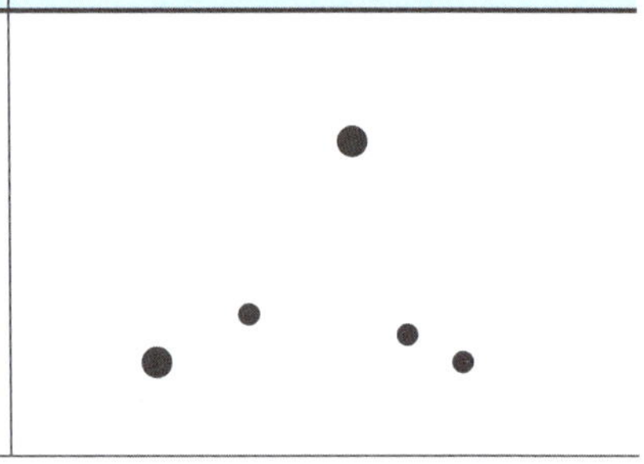

2 Welches Sternzeichen hast du?

Mein Geburtstag ist am ______________________ .

Mein Sternzeichen ist ______________________ .

1 Sternbilder suchen und Punkte verbinden. 2 Datum und Sternzeichen notieren.

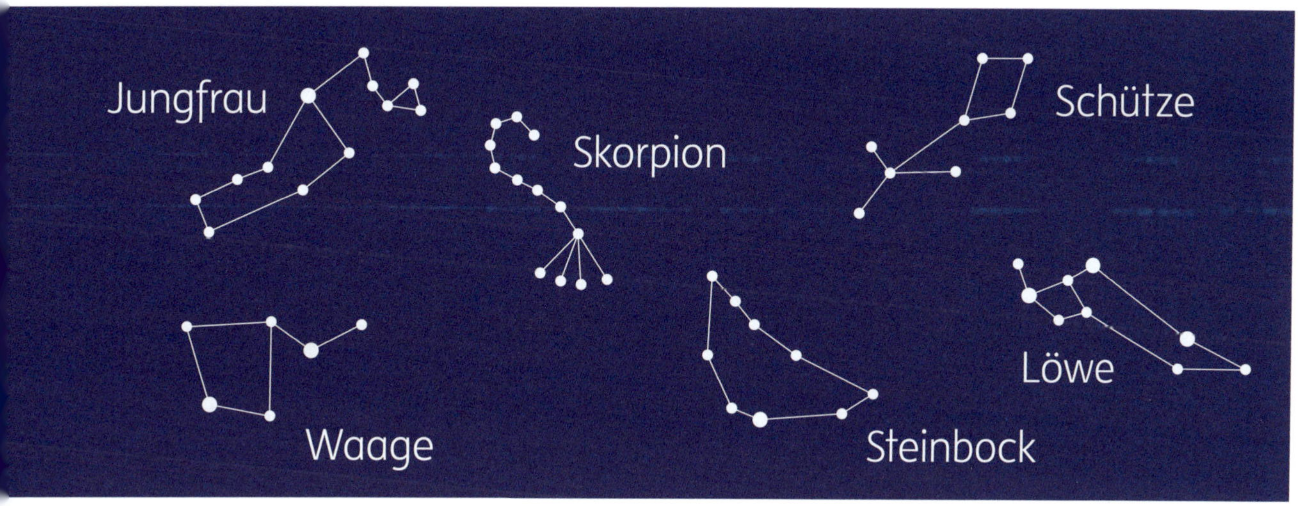

23.07. – 23.08.	24.08. – 23.09.	24.09. – 23.10.

24.10. – 22.11.	**23.11. – 21.12.**	**22.12. – 20.01.**

3 Zeichne dein Sternbild ab und gestalte es.

3 Sternbild zu eigenem Sternzeichen abmalen und gestalten.

1 Kippe den Würfel. Male ihn richtig aus.

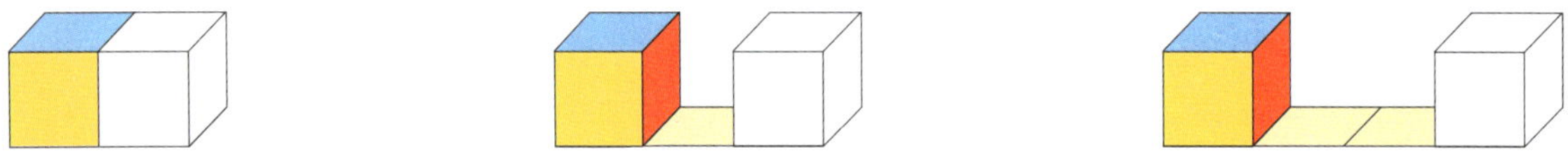

einmal nach rechts | zweimal nach rechts | dreimal nach rechts

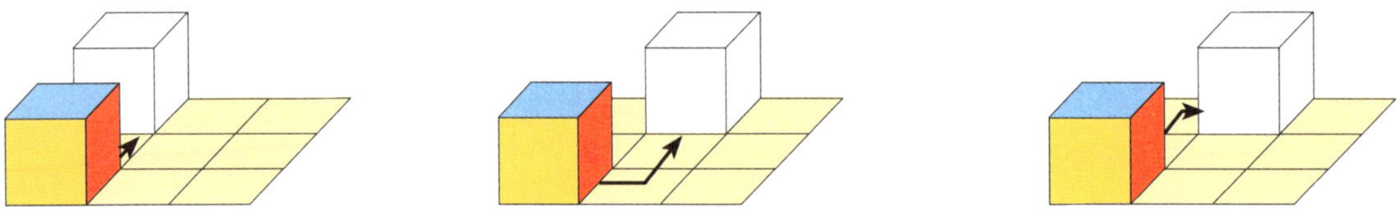

2 Kippe 2-mal. Zeichne den Weg.

Blau liegt oben. | Rot liegt oben. | Gelb liegt oben.

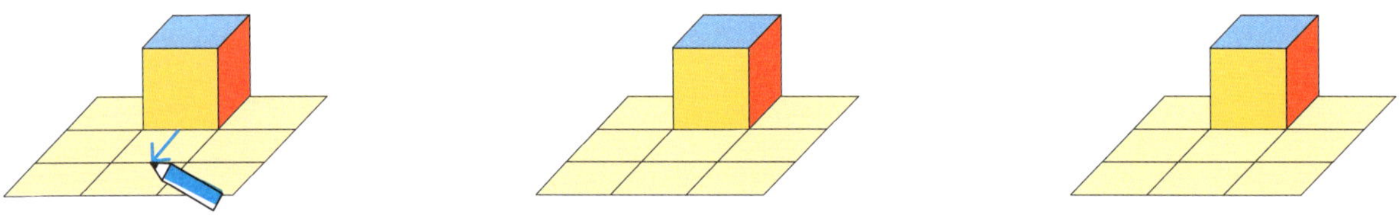

3 Kippe 3-mal. Zeichne den Weg.

Blau liegt oben. | Rot liegt oben. | Gelb liegt oben.

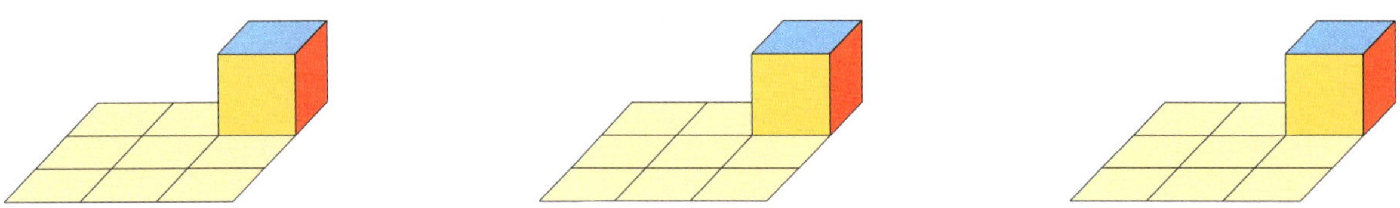

Die gegenüberliegenden Würfelseiten haben dieselbe Farbe. **1** Würfel passend zum Kippweg färben. **2 – 3** Weg der Kippbewegung einzeichnen.

Im Zirkus – Körper teilen

1 Welche Körper entstehen? ☒

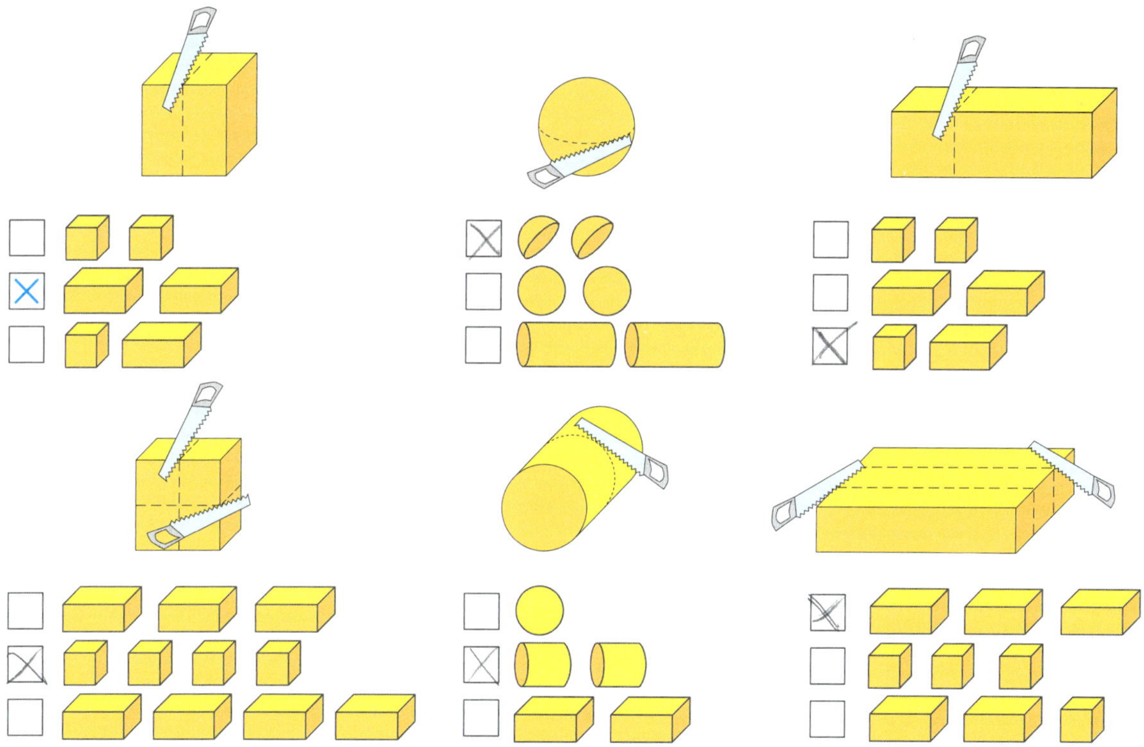

2 Welche Fläche entsteht? Male sie in derselben Farbe aus.

Ein Körper wird geteilt. **1** Ankreuzen, welche Körper entstehen. **2** Schnittfläche passend färben.

1 Finde noch 10 Wörter.

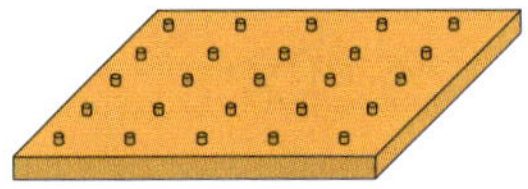

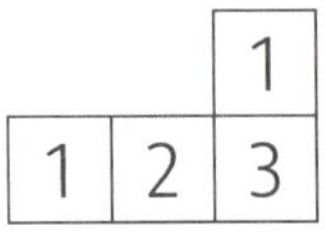

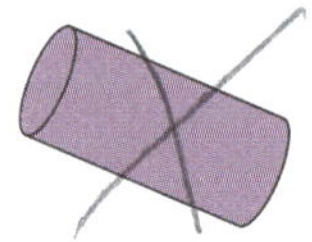

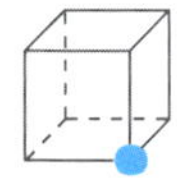

Z	Y	L	I	N	D	E	R	A	T
L	K	Q	U	A	D	R	A	T	T
L	R	L	U	E	S	T	O	W	E
E	E	T	N	A	K	L	L	Ü	R
G	I	G	E	M	D	A	C	R	B
U	S	H	E	C	K	E	T	F	O
K	C	E	T	H	C	E	R	E	E
!	B	A	U	P	L	A	N	L	G

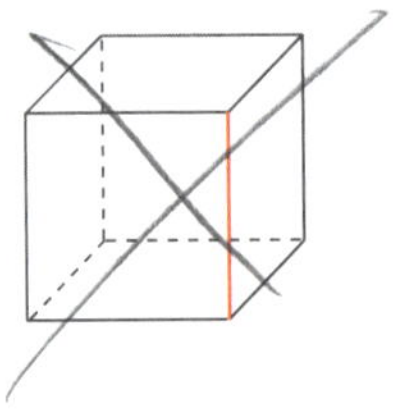

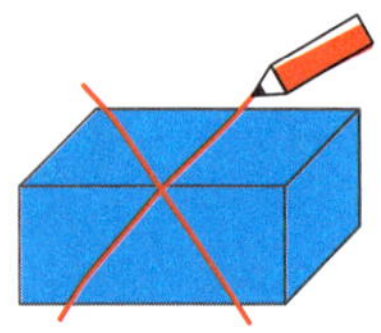

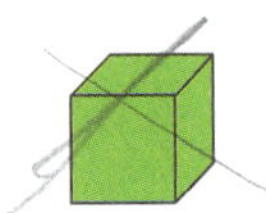

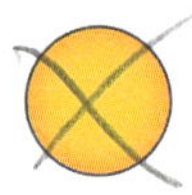

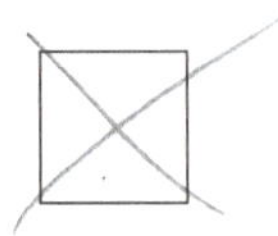

Die übrig gebliebenen Buchstaben ergeben einen Satz:

__ __ __ __ __   __ __ __ __   __ __ __ __ __ __ __   __

2 Welche Flächen entstehen?

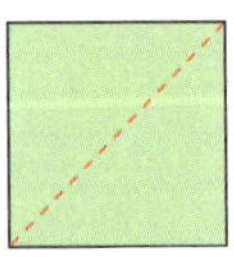
Dreieck

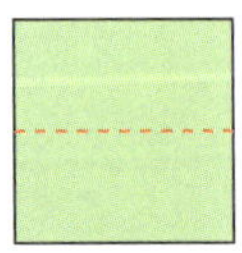
Rechteck

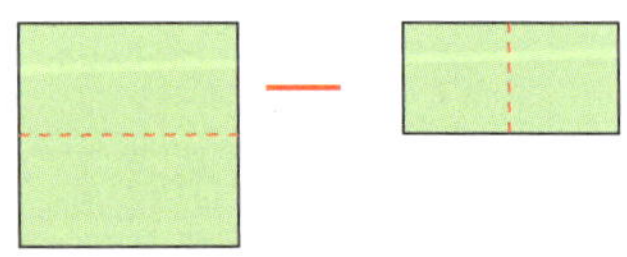
Würfel

3 Wie gut kennst du die Körper?

Der 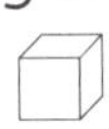	hat 6	Flächen.	K	12	R
Der 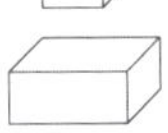	hat 12	Kanten.	R	0	I
Die 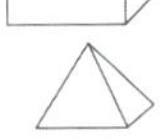	hat 4	Spitze.	E	6	K
Die 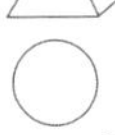	hat 0	Ecken.	I	3	S
Der 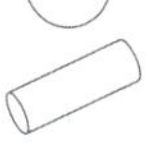	hat 3	Flächen.	S	1	E

Woran denkt Trax?

K R E I S

1 Die Wörter zu den Bildern sind von oben nach unten, unten nach oben, links nach rechts, rechts nach links und diagonal versteckt. **2** Papier gedanklich falten, Form der Zielfigur aufschreiben. **3** Die Buchstaben ergeben von oben nach unten das Lösungswort.